高职高专机电一体化专业规划教材

数控机床电气装调

朱祥庭　张　晶　主　编
李尚波　副主编

清華大学出版社
北京

内 容 简 介

本书基于数控机床制造与维修过程中电气控制系统装调的工作任务，以 FANUC-0i 数控系统为例，为学习者提供了数控机床外部电路连接、FANUC 数控系统的组成及硬件连接、CNC 系统的参数设定、PMC 的基本功能、数控机床的方式选择、进给轴手动进给 PMC 编程、参考点的确认、自动运行的调试、数控车床的刀架控制、超程保护及设定、模拟主轴控制、机床冷却控制系统和数控系统的数据备份与恢复等理论和实践知识。

本书采用项目教学模式编写，把数控机床电气装调分为若干项目，每一个项目又分为若干个具体的学习任务。读者依据书中所述，通过一个个任务的学习和实践，即可逐步地掌握数控机床电气系统装调的技能。

本书理论与实践紧密结合，是数控技术及相关专业的核心教材，也是体现教、学、做一体化的工学结合的教材，适合数控技术、数控设备应用与维护、机电一体化等专业的师生使用，也适合作为数控技术的培训教材使用。

图书在版编目(CIP)数据

数控机床电气装调/朱祥庭，张晶主编. —北京：清华大学出版社，2017（2023.1重印）
(高职高专机电一体化专业规划教材)
ISBN 978-7-302-45826-5

Ⅰ．数… Ⅱ．①朱… ②张… Ⅲ．①数控机床—电气设备—设备安装—高等职业教育—教材 ②数控机床—电气设备—调试方法—高等职业教育—教材 Ⅳ．TG659

中国版本图书馆 CIP 数据核字(2016)第 288532 号

责任编辑：梁媛媛 宋延清
装帧设计：王红强
责任校对：杨作梅
责任印制：丛怀宇

出版发行：清华大学出版社
　　　　　网　　　址：http://www.tup.com.cn, http://www.wqbook.com
　　　　　地　　　址：北京清华大学学研大厦 A 座　　　邮　　编：100084
　　　　　社 总 机：010-83470000　　　　　　　　　邮　　购：010-62786544
　　　　　投稿与读者服务：010-62776969, c-service@tup.tsinghua.edu.cn
　　　　　质量反馈：010-62772015, zhiliang@tup.tsinghua.edu.cn
　　　　　课件下载：http://www.tup.com.cn, 010-62791865
印 装 者：三河市龙大印装有限公司
经　　销：全国新华书店
开　　本：185mm×260mm　　　印　张：13.25　　　字　数：319 千字
版　　次：2017 年 1 月第 1 版　　　印　次：2023 年 1 月第 4 次印刷
定　　价：39.00 元

产品编号：064147-02

前　　言

随着数控机床在生产企业中的大量使用，并且应用范围越来越广泛，当前对数控机床维修、维护人员的需求极为迫切。掌握数控机床电气控制技术的知识、技能，对数控机床的使用和维修是非常重要的。

本书是根据最新制定的"数控机床装调技术——数控机床电气控制核心课程标准"编写的，是机电一体化专业的核心课程。

本书编写时遵循课程改革的新理念，主要特点如下。

(1) 内容项目化，突出应用性和实践性。按照 FANUC 数控系统应用的特点，将数控机床的控制功能分成若干个模块。在每个模块中，以数控系统的软件编程、调试为主，以硬件连接为辅；以掌握实际操作技能、实际设计功能为主，以理解工作原理为辅；注重专业技能的系统性和教学的可操作性。

(2) 本书以项目的形式编写，每个项目都有需要完成的任务、相关知识、案例分析及项目实训。学生 2~4 人为一组，共用一台数控实训设备，实训教室为主要教学场所，真正做到一体化教学。

(3) 本书主要内容包括：数控机床外部电路连接、FANUC 数控系统的组成及硬件连接、CNC 系统参数设定、PMC 基本功能、数控机床方式选择、进给轴手动进给 PMC 编程、参考点的确认、自动运行的调试、数控车床的刀架控制、超程保护及设定等项目。可以完成典型数控机床的电气安装和调试任务，使学生掌握数控机床的电气控制原理、系统的硬件组成及 PMC 编程等；了解数控系统的参数、参考点的设定与调整。

本书由齐鲁理工学院、济南职业学院与济南第一机床厂共同组织编写。朱祥庭、张晶任主编，李尚波任副主编。齐鲁理工学院朱祥庭编写本书中的项目四、项目六、项目七、项目八、项目九、项目十。济南职业学院张晶编写本书中的项目一、项目二、项目三、项目五。济南工程职业技术学院李尚波编写本书的项目十一、项目十二和项目十三。

本书主编朱祥庭曾在机床厂从事数控机床的设计及维修工作多年，拥有丰富的理论知识和实际经验。本书由北京机床研究所产品设计中心主任马春年高级工程师审稿，他是我国机床行业中的权威专家。

由于编者水平有限，书中错误之处在所难免，希望读者批评指正。

编　者

2016.12

目　　录

项目一　数控机床外部电路连接

任务一　常用低压电器元件

【任务要求】

1. 认识常用低压电器的外形、型号、规格。
2. 了解低压电器的原理、结构和使用。
3. 掌握安装方法和接线方法。

【相关知识】

数控机床电气控制部分除数控系统外，还需要大量的低压电器元件组合，以实现一台机床所具有的功能。这些低压电器元件包括低压断路器、熔断器、接触器、中间继电器、热继电器、变压器、各种转换开关、按钮、指示灯、各种检测开关等元件。低压电器分为低压保护电器和低压控制电器两种。

一、常用低压电器元件的选型

低压电器元件选型的一般原则如下。

(1) 低压电器的额定电压应大于回路的工作电压。

(2) 低压电器的额定电流应大于回路设计的工作电流。

(3) 根据回路的启动情况来选择低压电器。例如，三相异步电动机启动时的电流是额定电流的 4~7 倍。

(4) 设备的截断电流应不小于短路电流。

二、数控机床常用低压电器元件介绍

(一) 按钮

按钮是用人力操作、具有弹簧复位机制的主令电器。主要用于远距离操作接触器、继电器等电磁装置，以切换自动控制电路。

按钮的外形、图形符号及文字符号如图 1-1 所示。

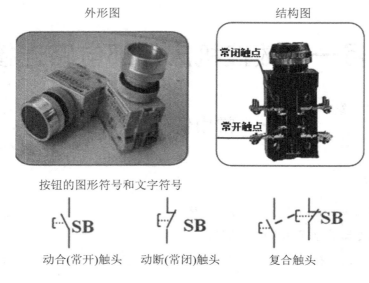

图 1-1　按钮的外形图、图形符号及文字符号

为了标明各种按钮的作用，避免误动作，通常将按钮帽做成不同的颜色，以示区别。按钮的颜色有红、绿、黄、黑、蓝以及白、灰等多种。标准规定：停止和急停按钮的颜色必须是红色，启动按钮的颜色是绿色，启动和停止交替动作的按钮是黑白、白色或灰色。按钮的信号为 LA 系列。

（二）熔断器

熔断器广泛应用于低压配电线路和电气设备中。主要起短路及严重过载保护的作用。熔断器的外形、图形符号及文字符号如图 1-2 所示。

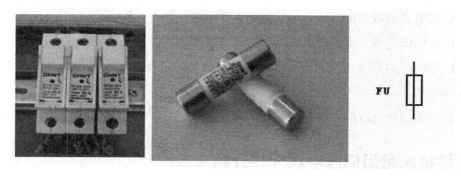

图 1-2　熔断器的外形、图形符号及文字符号

熔断器主要由熔体、安装熔体的熔管和熔座三部分组成。熔体是熔断器的主要组成部分，常做成丝状、片状和栅状。

(三) 断路器

低压断路器是一种既有手动开关作用又能自动进行欠压、失压、过载和短路保护的电器元件。数控机床常用的低压断路器有塑料外壳式断路器、框架式和漏电保护式断路器三种。断路器的外形如图 1-3 所示。

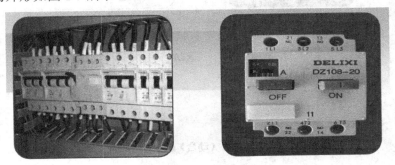

图 1-3　低压断路器的外形

断路器的内部结构及图形符号、文字符号如图 1-4 所示。

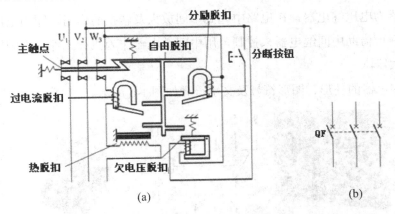

(a)　　　　　　　　　　(b)

图 1-4　断路器的内部结构及图形符号、文字符号

(四) 接触器

接触器是用来频繁接通和断开电动机或其他负载电路的一种自动切换电器。通常分为交流接触器和直流接触器两种。选择接触器时，应从其工作条件出发。控制交流负载应选用交流接触器，控制直流负载则选择直流接触器。主触点的额定工作电流应大于负载电路的电流，接触器的线圈的额定电压应与控制回路的电压一致。常用接触器的外形、图形符号及文字符号如图 1-5 所示。

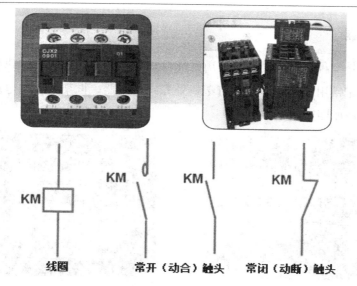

图 1-5　接触器的外形、图形符号及文字符号

(五) 中间继电器

中间继电器为电压继电器，在电路中起到中间放大及转换的作用。即当电压继电器触点容量不够时，可借助中间继电器来控制，用中间继电器作为执行元件。中间继电器可被看成是一级放大器。

常用中间继电器的外形、图形符号及文字符号如图 1-6 所示。

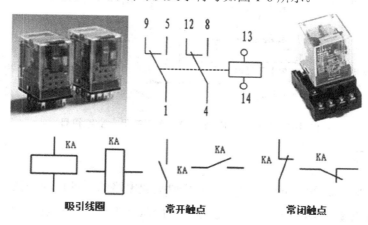

图 1-6　中间继电器的外形、图形符号及文字符号

中间继电器的选择原则如下。

(1) 线圈的电压等级应与控制电路一致，如数控机床的控制电路采用直流 24V 供电。则继电器应选择线圈额定电压为直流 24V 的继电器。

(2) 按控制电路的要求选择触点的类型和数量。

(3) 继电器的触点电压应大于被控制电路的电压。

(4) 继电器的触点电流应大于控制电路的电流。若是感性负载，则应降低额定电流50%以下使用。

（六）热继电器

热继电器是利用电流的热效应来切断电路的保护电器。主要对三相异步电动机进行过载保护以及断相保护。选用时，必须了解被保护对象的工作环境、启动情况、负载性质以及电动机允许的过载能力，还应了解热继电器的某些基本特性和特殊要求。热继电器的结构和外形、图形符号及文字符号如图1-7所示。

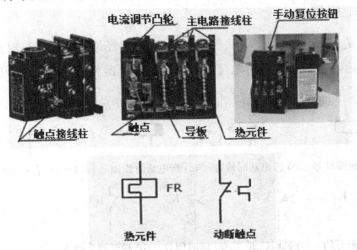

图 1-7　热继电器的结构和外形、图形符号及文字符号

（七）行程开关

行程开关用来控制某些机械部件的运动行程和位置或限位保护。行程开关是由操作机构、触点系统和外壳等部分成的。

常用行程开关的结构和外形、图形符号及文字符号如图1-8所示。

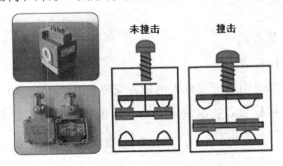

图 1-8　常用行程开关的结构和外形、图形符号及文字符号

符号

常开(动合)触点　　　　　　常闭(动断)触点

图 1-8　(续)

在选择行程开关时，应根据被控制电路的特点、要求、生产现场条件和触点数量等因素进行考虑。常用的行程开关有 LX19、LX31、LX32、JLXK1 等系列产品。

(八) 时间继电器

时间继电器是从得到输入信号(线圈通电或断电)起经过一段时间延时后触头才动作的继电器，适用于定时控制，分为通电延时闭合时间继电器和断电延时打开时间继电器。文字符号和图形符号如图 1-9 所示。

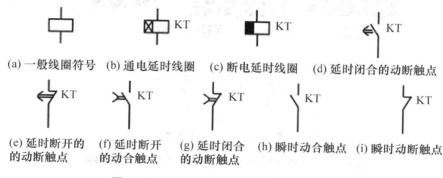

(a) 一般线圈符号　(b) 通电延时线圈　(c) 断电延时线圈　(d) 延时闭合的动断触点

(e) 延时断开　　(f) 延时断开　(g) 延时闭合　(h) 瞬时动合触点　(i) 瞬时动断触点
的动断触点　　的动合触点　的动断触点

图 1-9　时间继电器的图形符号及文字符号

(九) 开关电源

开关电源在电气设计中的合理使用非常重要。原则上，给数控系统供电的电源与负载用电源使用不同的电源。即每台数控机床至少有两个开关电源。开关电源参数选型时应注意以下几点。

(1) 开关电源的安装方式。

(2) 开关电源的工作温度。

(3) 输入电压及频率范围：一般输入电压为交流 110~240V，50~60Hz。

(4) 额定输出电流根据负载情况决定，为了保证负载能够稳定运行，电源的容量需要有一定的余量。

(5) 负载波动时，输出电压波动不要超出允许范围。

开关电源的外形、图形符号及文字符号如图 1-10 所示。

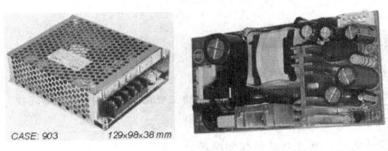

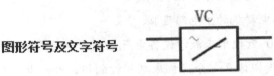

图形符号及文字符号

图 1-10　开关电源的外形、图形符号及文字符号

（十）变压器

在数控机床上使用两种变压器：机床控制变压器和三相伺服变压器。变压器的外形、图形符号及文字符号如图 1-11 所示。

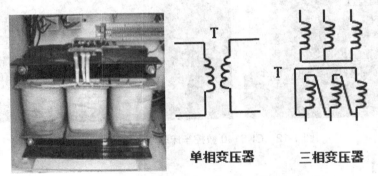

单相变压器　　　三相变压器

图 1-11　变压器的外形、图形符号及文字符号

机床控制变压器适用于输入交流电压为 380V 的电路，变换为不同电压等级，作为机床照明、负载等用的电源。三相伺服变压器主要用于数控机床中交流伺服电机电压与我国电网电压不一致时的匹配。

任务二 案例分析：数控机床的外部接线

【任务要求】

1. 了解主电路各低压电器元件的作用。
2. 掌握冷却泵电动机、电动刀架电动机的主电路连接及控制电路连接。
3. 掌握主电路中各种电源的作用。
4. 掌握启动电路、急停电路的控制顺序。
5. 掌握变频主轴电动机的主电路连接。

本任务对 CK6140 数控车床教学设备电气控制部分的连接进行解剖。本教学设备包括显示及 MDI 部分、模拟仿真部分、机床电气控制柜、冷却电动机、主轴电动机、电动刀架及 X 轴、Z 轴伺服电动机。设备的外观如图 1-12 所示。

图 1-12　CK6140 数控车床教学设备的外观

【相关知识】

数控机床电气控制部分分为基本电气控制部分及数控系统部分。基本电气控制部分包括各种按钮、转换开关、低压断路器、熔断器、中间继电器、变压器、指示灯、各种检测开关、风扇、电磁阀及冷却泵电动机、润滑泵电动机、电动刀架电动机、主轴变频电动机及各种辅助用电动机等，各低压电器元件在数控机床运行中起到不同的作用。

一、CK6140 数控车床的主电路

数控机床的主电路包括总电源开关 QF0、冷却泵电动机主电路、润滑泵电动机主电

路、电动刀架电动机主电路、主轴变频电动机主电路及伺服放大器主电源连接。

(一) 冷却泵电动机及润滑泵电动机的主电路

冷却泵电动机的主电路如图 1-13 所示。

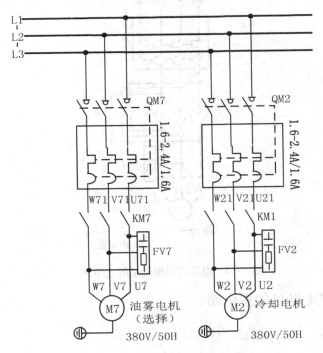

图 1-13　冷却泵电动机的主电路

冷却泵电动机(冷却电机)的作用，是在数控机床中冷却刀具。QM2 为断路器，起到对冷却泵电动机短路及过载保护的作用。交流接触器 KM1 用于接通和断开冷却泵电机。

润滑泵电动机(油雾电机)的作用：在数控机床加工过程中，托板在导轨上高速移动，为减少摩擦力及保护机床的精度，须定时在导轨上加润滑油。断路器 QM7 起到对润滑泵电动机短路及过载保护的作用，交流接触器 KM7 用于接通和断开润滑泵。

(二) 电动刀架电动机的主电路

电动刀架电动机(刀架电机)的主电路如图 1-14 所示。

断路器 QM3 用于电动刀架电动机的短路及过载保护，交流接触器 KM2 控制刀架电动机正转，交流接触器 KM3 控制刀架电动机反转。

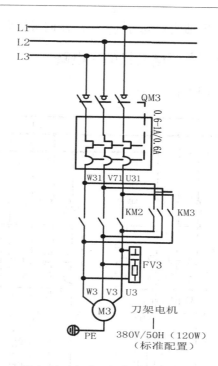

图 1-14　电动刀架电动机的主电路

（三）主轴变频电动机的主电路

主轴变频电动机(主轴电机)的主电路如图 1-15 所示。

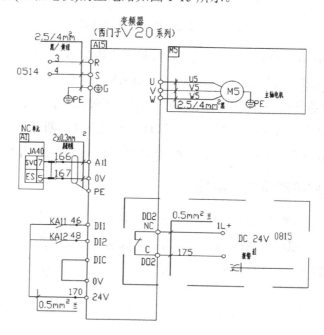

图 1-15　主轴变频电动机的主电路

中间继电器 KA11 的常开触点控制主轴正转，KA12 的常开触点控制主轴的反转。CNC 接口 JA40 的输出信号作为变频器的频率给定信号，调节主轴电动机的转速。

(四) 伺服放大器的主电源

伺服放大器的主电源连接如图 1-16 所示。

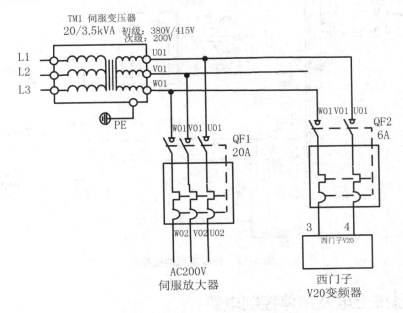

图 1-16　伺服放大器的主电源连接

TM1 是三相伺服变压器，将三相交流 380V 电压转换为三相交流 200V 电压，给伺服放大器供电。断路器 QF1 起到伺服放大器短路及过载保护的作用。

二、控制电源的连接

控制电源的连接如图 1-17 所示。

TC1 为控制变压器，将单相 380V 电源转换为交流 24V、交流 110V、交流 220V 电源。断路器 QF6、QF7 等起到短路及过载保护作用。开关电源 VC1 和 VC2 将交流电压转换为直流 24V 电压，其中 VC1 输出的直流 24V 电源用于启动及急停控制回路、中间继电器控制电源及负载电源，VC2 输出的直流 24V 电源用于数控系统 CNC 电源、I/O 模块电源及伺服放大器控制电源。

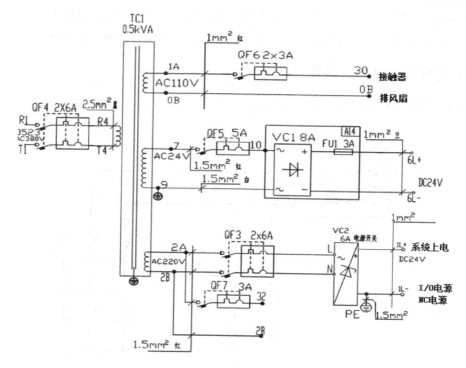

图 1-17 控制电源的连接

三、数控系统上电及急停控制电路

数控系统上电及急停控制电路如图 1-18 所示。

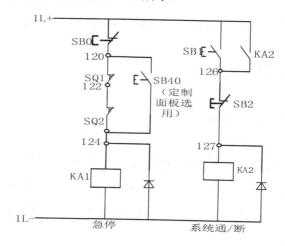

图 1-18 数控系统上电及急停控制电路

SB0 为急停按钮，SQ1、SQ2 分别为 X 轴、Z 轴的正向限位开关，SB1 是数控系统上电启动按钮，SB2 是数控系统断电按钮，KA1 为急停中间继电器，KA2 为系统上电、下电控制中间继电器。

四、电柜风扇及照明控制电路

风扇及照明控制电路如图 1-19 所示。

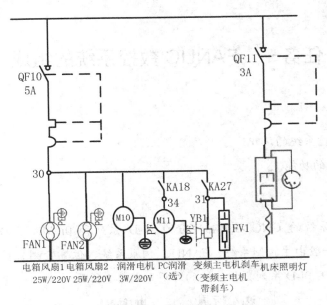

图 1-19　风扇及照明控制电路

断路器 QF10 起风扇短路及过载保护的作用，断路器 QF11 起照明灯短路及过载保护的作用。

【项目训练】

1. 训练目的

掌握数控机床外部电路的设计方法。

2. 训练项目

(1) 数控机床刀架电动机的主回路连接。

(2) 数控机床控制电源的连接。

项目二 FANUC 数控系统的组成及硬件连接

任务一 FANUC 数控系统的组成

【任务要求】

1. FANUC 数控系统的认识。
2. 认识各模块的功能。

【相关知识】

FANUC 0i-D 系统的 CNC 控制器可分为 0i-D 系列和 0i MATE-D 系列两种类型。FANUC 数控系统一般由主控制系统、FANUC 伺服系统、位置检测装置、PMC 及接口电路部分组成。FANUC 0i-D 系列数控系统的外观如图 2-1 所示。

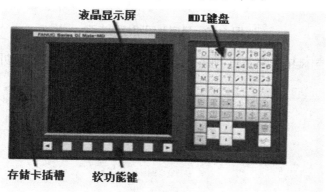

液晶显示屏　　　　MDI键盘

存储卡插槽　　软功能键

图 2-1　FANUC 0i-D 系列数控系统的外观

一、CNC 主控制器的组成

0i-D 系列 CNC 控制器由主 CPU、存储器、数字伺服控制卡、主板、显示卡、内置 PMC、LCD 显示器、MDI 键盘等组成。CNC 主板如图 2-2 所示。

图 2-2　CNC 主板

(1)　主 CPU 负责整个系统的运算、中断控制等。

(2)　存储器包括 Flash ROM、SRAM、DRAM。

Flash ROM 存放数控系统生产厂家 FANUC 公司开发的系统软件和机床厂家开发的应用软件，主要包括插补控制软件、数字伺服软件、PMC 控制软件、机床 PMC 梯形图、网络通信控制软件、图形显示软件、零件加工程序等。

SRAM 存放机床厂家设置的数据及用户数据。主要包括系统参数、用户宏程序、PMC 参数、刀具补偿及工件坐标系补偿数据、螺距误差补偿数据等。

DRAM 作为工作存储器，在控制系统中起缓冲作用。

(3)　数字伺服轴控制卡。伺服控制中的全数字运算以及脉宽调制功能采用应用软件完成，并打包装入 CNC 系统内(Flash ROM)，支撑伺服软件运行的硬件环境由 DSP 以及周围电路组成，也就是轴控制卡。

(4)　主板。包括 CPU 外围电路、I/O Link、数字主轴电路、模拟主轴电路、RS-232 数据输入输出电路、MDI 接口电路、高速输入信号、闪存卡及 USB 接口电路等。

二、FANUC 0iD 数控系统的功能

功能模块框图如图 2-3 所示。

(1)　CNC 控制数控机床各进给轴的位置和速度。CNC 控制软件由 FANUC 公司开发，装置出厂前装入 CNC，机床生产厂家和最终用户都不能修改 CNC 控制软件。

(2)　PMC(Programmable Machine Controller)主要用于机床控制，是装在 CNC 内部的顺序控制器。

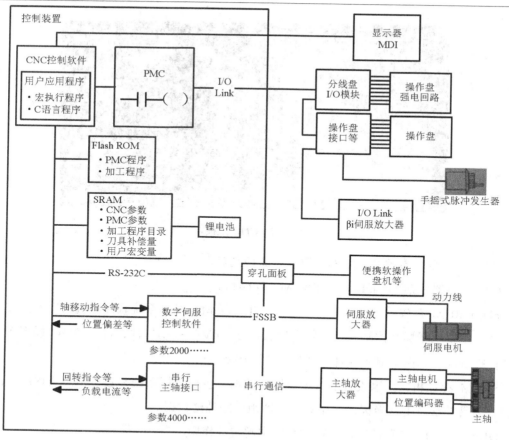

图 2-3　功能模块框图

（3）机床操作面板上的开关、指示灯和机床上的限位开关通过 I/O Link 与 FANUC CNC 控制器通信。由机床厂家编制顺序程序。

（4）机床厂家依据机床具有的功能编制的 PMC 程序及最终用户编写的加工程序等存放在 Flash ROM 存储器中。通电时，BOOT 系统把这些程序传送到 DRAM 存储器中，并根据程序进行处理。断电后，DRAM 中的数据全部消失。

（5）用户在使用过程中设定的刀具长度及半径补偿等，以及修改的参数，均保存在 SRAM 内。SRAM 采用锂电池作为后备电池，机床断电后，存储的数据不会丢失。

（6）轴移动指令的加工程序记录在 Flash 存储器中。但加工程序目录记录在 SRAM 中。CNC 控制软件读取 SRAM 内的加工程序，经插补处理后，把轴移动指令发给数字伺服控制软件进行处理。SRAM 中存储的各种数据的输出可以使用外部输入输出设备进行存储，包括使用闪存卡、通过 USB 接口存储到 U 盘或通过 RS-232 串行接口存储到外部计算机等。同样，存储在外部设备闪存卡、U 盘或外部计算机内的机床数据又可以通过这些外部输入输出设备回传到 SRAM 中。

(7) 数字伺服控制软件控制机床的位置、速度和电机的电流。数字伺服控制软件运算的结果通过 FSSB 的伺服串行通信总线送到伺服放大器。伺服放大器对伺服电机通电，驱动伺服电机运行。

(8) 伺服电动机的轴上装有编码器。由编码器将电动机旋转的角位移量和转子角度送给数字伺服 CPU。

(9) 编码器有两种。机床断电后还能记忆进给轴断电前位置的为绝对值式编码器，机床通电后需各进给轴首先回参考点的为增量式编码器。绝对值式编码器通电后即可知道机床各进给轴的坐标位置，不需要回参考点，直接进行零件的加工。增量式编码器为了使机床各坐标轴的位置与 CNC 内部的机床坐标一致，每次接通电源后，都有进行返回参考点的操作。

(10) 手摇脉冲发生器通过 I/O Link 进行连接。

三、FANUC 数字伺服系统

(一) βi 系列伺服放大器

βi 系列伺服放大器是一种可靠性强、性价比高的伺服系统，该系列用于机床的进给轴和主轴。通过最新的控制功能实现高速、高精度和高效率控制。有两种类型的伺服放大器：βiSVSP 伺服放大器和βiSVM 伺服放大器。

(二) 多伺服轴、主轴一体化βiSVSP 伺服放大器

βiSVSP 伺服放大器及βi 伺服电动机具有以下特点：伺服放大器可实现伺服三轴加一个主轴或伺服两轴加一个主轴的控制，伺服电动机进给平滑、设计紧凑，编码器的分辨率比较高。

βiSVSP 伺服放大器一般根据伺服电机及主轴电机型号来确定。选择了进给伺服电机和主轴电机后，就可以通过手册查找对应的伺服放大器型号。

βiSVSP 伺服放大器及βi 伺服电动机的外观如图 2-4 所示。

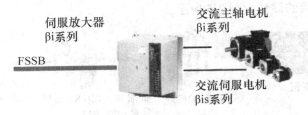

图 2-4　βiSVSP 伺服放大器及βi 伺服电动机的外观

（三）独立安装及使用的集成式伺服放大器 SVM

βiSVM 伺服放大器有两种控制接口，一种是 FSSB 接口，这种放大器作为进给轴使用；另一种放大器带有 I/O Link 接口，这种放大器可作为 I/O Link 轴使用，不具有插补功能。βiSVM 伺服放大器根据伺服电机型号来确定。选定伺服电机后，可以通过手册查到对应的伺服放大器的型号。

（四）βi 系列电机

1. βiI 系列主轴电机

βiI 系列主轴电机内装速度传感器，速度传感器有两种类型：一种是不带电机一转信号(One-rotation Signal)的速度传感器 Mi 系列，另一种是带电机一转信号的速度传感器 MZi/BZi/CZi 系列。若需要实现主轴准停功能，可以采用内装 Mi 系列速度传感器的电机，外装接近开关，实现主轴一转信号，也可以采用内装 MZi 系列的速度传感器。

主轴电机内装冷却风扇，为主轴电机散热。主轴电机采用变频调速，当电机速度改变时，要求电机散热条件不变。电机风扇单独供电。

2. βis 系列伺服电机

βis 系列伺服电机是 FANUC 公司推出的用于普通数控机床的高速小惯量伺服电机。伺服电机带有动力电源接口、编码器接口，作为重力轴使用时选用带抱闸的伺服电机。

βis 系列伺服电机的编码器需要作为绝对值式编码器使用时，只需在放大器上安装电池和设置参数即可。

四、FANUC I/O 单元模块

FANUC PMC 由内装 PMC 软件、接口电路、外围设备(按钮、接近开关、检测元件、继电器、电磁阀等)构成。连接系统与 I/O 接口模块的电缆为高速串行电缆，称为 I/O Link，它是 FANUC 专用 I/O 总线。

I/O 单元模块连接的硬件如图 2-5 所示。

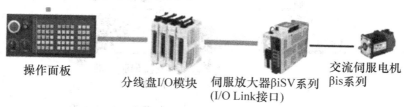

操作面板　　分线盘I/O模块　　伺服放大器βiSV系列　　交流伺服电机
　　　　　　　　　　　　　　　　(I/O Link接口)　　　　βis系列

图 2-5　I/O 单元模块连接的硬件

任务二　CNC 系统的硬件连接

【任务要求】

1. 掌握 CNC 各接口的作用。

2. 了解 βi 系列伺服放大器的连接。

3. 了解 I/O Link 接口的连接。

【相关知识】

数控机床 CNC 控制是集成多学科的综合控制技术。一台典型的 CNC 控制系统包括 CNC 控制单元、伺服放大单元和进给伺服电动机、主轴驱动单元和主轴电机、PMC 控制器、机床外围控制信号的输入、输出单元、机床的位置测量及反馈单元等。

一、CNC 控制器接口的介绍和接口的作用

(一) CNC 控制器的硬件组成

控制器本体的硬件组成如图 2-6 所示。

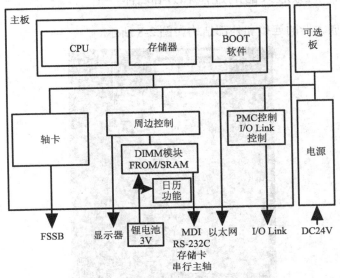

图 2-6　控制器本体的硬件组成

FANUC 0i-D 数控系统本体(控制器)实际上是一台专用的微型计算机，是 CNC 设备制造厂自己设计生产的专门用于机床的控制核心。

（二）控制器各接口的作用

CNC 控制器的背面接口如图 2-7 所示。

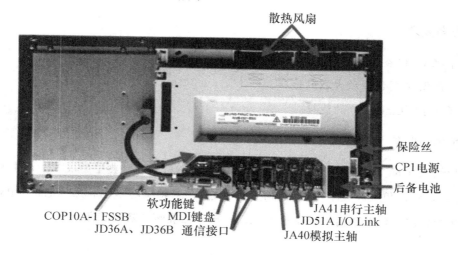

图 2-7　CNC 控制器的背面接口

二、βi 伺服放大器的连接

（一）βiSVSP 伺服放大器的连接和外部结构

βiSVSP 伺服放大器的连接和外部结构如图 2-8 所示。

图 2-8　βiSVSP 伺服放大器的连接和外部结构

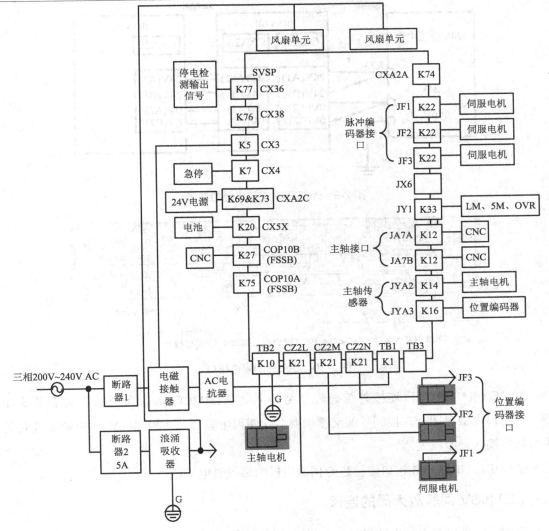

图 2-8　(续)

各接口的功能如下。

(1) 外部 24V 直流电源的连接如图 2-9 所示。

(2) TB3(SVSP 的右下面)不要接线。

(3) 顶端的两个风扇单元接外部交流 200V 电源。

(4) 伺服电机的动力线放大器端的插头盒各不相同，CZ2L 第一进给轴、CZ2M 第二进给轴、CZ2N 第三进给轴分别对应 X、Y、Z 轴。SVSP 的强电接口如图 2-10 所示。

(5) 图 2-10 所示的 TB2 和 TB1 不要接错，TB2 为主轴电机动力线，TB1 为三相交流 200V 主电源输入端。

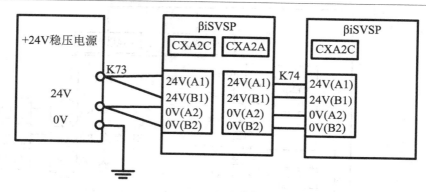

图 2-9　外部 24V 直流电源的连接

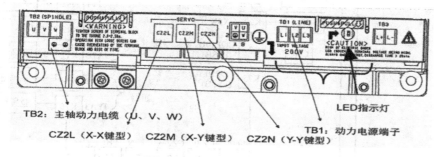

图 2-10　SVSP 的强电接口

(6)　CX4(*ESP)接口连接外部急停信号输入。CX3(MCC)端口当伺服放大器准备好后，该端口内触点闭合，控制外部交流接触器线圈得电吸合，三相 200V 主电源通过此交流接触器接入伺服放大器。

(7)　JF1、JF2、JF3 接口连接进给伺服电机的编码器电缆。

(二) βiSV 伺服放大器的连接

数控机床带模拟主轴电动机时，一般进给轴采用βiSV 伺服放大器作为驱动。伺服放大器有单轴型和双轴型。

βiSV20 型及βiSV40 型伺服放大器的连接如图 2-11 所示。

(1)　主接触器接通后，CZ7-1 接口输入三相交流 200V 电源作为放大器的动力电源。CZ7-1 接口的连接如图 2-12 所示。

(2)　CZ7-3 输出接口连接伺服电机。CZ7-3 接口的连接如图 2-13 所示。

(3)　通过外部开关电源引入直流 24V 电源，作为放大器控制电源。通过接口 CXA19B、CXA19A，向各个模块提供直流 24V 电源。控制电源接口如图 2-14 所示。

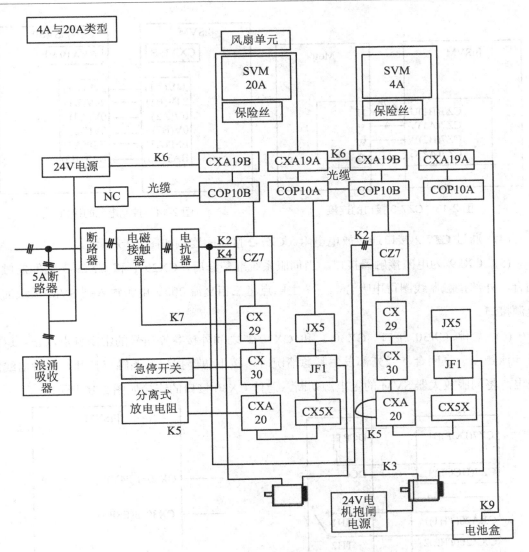

图 2-11　βiSV20 型及 βiSV40 型伺服放大器的连接

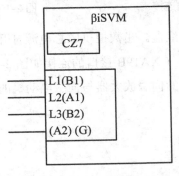

图 2-12　CZ7-1 接口的连接

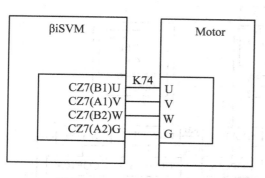

图 2-13 CZ7-3 接口的连接

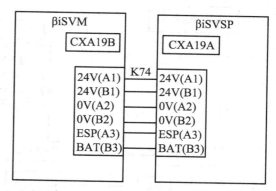

图 2-14 控制电源的接口

（4）通过 CZ7-2 接口连接放电电阻。CZ7-2 接口的连接如图 2-15 所示。

（5）CX29 为电磁接触器接口。当伺服系统准备好后，CX29-1 和 CX29-3 之间的触点闭合，外部接触器线圈得电吸合，三个主触点将三相交流 200V 电源输入到 SVM 模块的主电源接口。

（6）急停 CX30 接口。CX30-1 和 CX30-2 之间外接急停信号的常闭触点，正常运行时，该触点一直闭合，当外部发生紧急情况时，按下急停按钮，该触点打开，接触器线圈失电，将伺服放大器 SVM 的主电源切断。急停 CX30 接口的连接如图 2-16 所示。

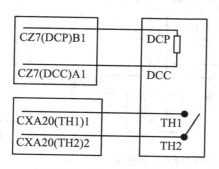

图 2-15 CZ7-2 接口的连接

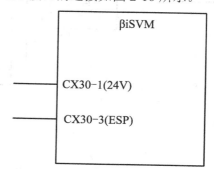

图 2-16 急停 CX30 接口的连接

（7）CXA19B 接口连接电池盒。当数控机床总电源打开后，该电池继续给绝对编码器供电，进给轴的位置不会丢失。CXA19B 接口的连接如图 2-17 所示。

（8）数控车床 X 轴和 Z 轴的伺服放大器与伺服电动机的外部连接如图 2-18 所示。

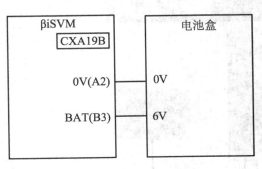

图 2-17　CXA19B 接口的连接　　　　图 2-18　伺服放大器与伺服电动机的外部连接

三、输入、输出 I/O 接口的连接

(一) 输入信号的连接

FANUC 数控系统的 I/O 单元的输入信号有漏型和源型两种方式。使用哪种连接方式，由输入、输出的公共端 DICOM、DOCOM 决定。一般采用漏型输入方式。作为漏型输入接口时，把 DICOM 端子与 0V 端子连接。

(二) 输出信号的连接

输出信号的连接也有漏型和源型两种方式。一般采用漏型连接方式，将外部直流 24V 电源的 0V 与 DOCOM 连接。

(三) I/O 单元模块的连接

I/O 单元模块一般通过 I/O Link 总线连接。I/O Link 总线是由一台总控制器和每个通道最多 16 组的从控制器组成的。在 I/O Link 总线上连接的各装置的 PMC 地址，可以在地址分配页面上任意分配。

(四) 机床常用 I/O 单元模块的连接

0i-D 系列 I/O 单元模块是 FANUC 系统的数控机床使用最为广泛的 I/O 单元模块。I/O 单元的连接图和外部结构如图 2-19 所示。

采用 4 个 50 芯插座连接的方式。4 个 50 芯插座分别为 CB104、CB105、CB106、CB107。输入点有 96 点，每个 50 芯插座中包含 24 点的输入点，这些输入点分为 3 个字节；输出点有 64 点，每个 50 芯插座中包含 16 点的输出点，这些输出点分为两个字节。

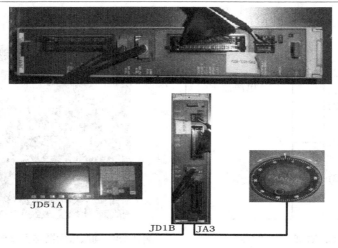

图 2-19　I/O 单元的连接图和外部结构

I/O 单元模块主要连接机床操作面板信号及机床外部的输入、输出信号。每个插座的 24 点输入信号连接如图 2-20 所示。

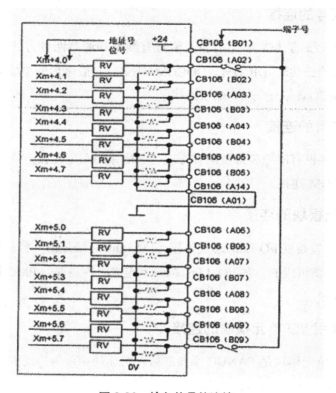

图 2-20　输入信号的连接

每个插座的 16 点输出信号连接如图 2-21 所示。

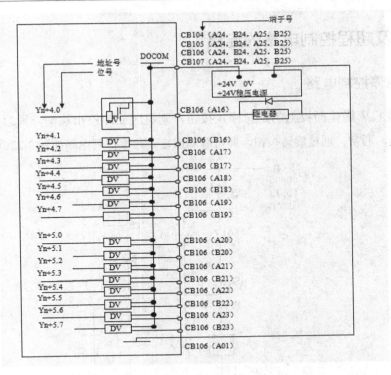

图 2-21　输出信号的连接

任务三　CK6140 数控车床数控系统硬件的连接

【任务要求】

1. 掌握急停、超程等典型控制电路。
2. 掌握伺服放大器的连接。
3. 掌握机床操作面板输入、输出信号的连接。
4. 掌握仿真控制面板信号的连接。

【相关知识】

分析 CK6140 数控车床数控系统各部分的连接，分析仿真控制面板信号的连接。进行数控机床电气控制部分的设计时，应考虑机床所采用的功能部件，结合数控系统、伺服系统、I/O 单元模块连接的要求和特点。机床各功能部件的工作原理各有不同，但 FANUC 公司主要产品的控制原理和方式是相同的。

一、急停及超程控制电路的连接

（一）急停控制电路

按下数控机床操作面板上的紧急停止按钮，则机床立即停止移动。紧急停止按钮被按下时即被锁定。通常，通过旋转按钮，即可解除锁定。急停控制电路如图 2-22 所示。

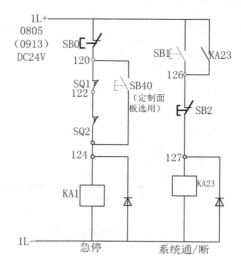

图 2-22 急停控制电路

SB0 为急停按钮的常闭触点，正常情况下，SB0 触点闭合，KA1 线圈得电，KA1 的两个常开触点分别接到 PMC I/O 单元的输入点 X8.4 和伺服放大器的 CX30 接口。当按下急停按钮 SB0 时，KA1 线圈失电，同时，KA1 的常开触点打开，伺服放大器准备好信号接点通过 CX29 接口断开接触器 KM0 线圈，断开主电源与伺服放大器的连接。

（二）超程控制电路

当 X 轴或 Z 轴行程超过机床硬件限位开关 SQ1 或 SQ2 设定的行程终点后，试图继续移动时，限位开关启动，相应的进给轴减速并停止移动，同时，显示硬件超程报警。

二、伺服单元的电路连接

X 轴和 Z 轴都选用 βiSVM20A 伺服放大器模块。

伺服放大器的外部结构和连接如图 2-23 所示。

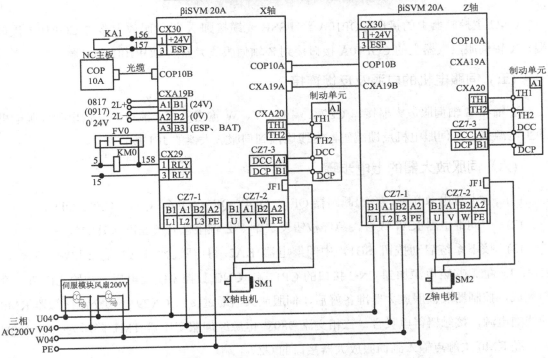

图 2-23　伺服放大器的外部结构和连接

(一) 伺服放大器的急停控制

急停开关信号来自中间继电器 KA1 的常开触点。机床操作面板上的急停按钮和 X 轴、Z 轴行程限位开关的常闭触点串联控制中间继电器 KA1 的线圈。KA1 的常开触点接放大器接口 CX30 的 1、3 端子。

（二）主电源接触器的控制电路

主电源交流接触器 KM0 线圈的控制电源为交流 110V。当伺服放大器准备好后，CX29 接口的触点闭合，主电源接触器 KM0 线圈得电吸合，三相交流 200V 电源输入到放大器接口的 CZ7-1 端子上。

（三）控制电源

开关电源 VC2 将交流 220V 电源转换为直流 24V。断路器 QF9 为伺服放大器 SVM 控制电路的电源保护。直流 24V 电源 2L+、L-接到 X 轴伺服放大器接口 CXA19B，接口 CXA19A 的输出直流 24V 接到下一个伺服放大器 Z 轴的 CXA19B 接口。

（四）FSSB 控制信号

CNC 主控制器上的接口 COP10A 经 FSSB 光缆接到 X 轴伺服放大器的 COP10B 接口端，X 轴伺服放大器上的 COP10A 接口接到 Z 轴伺服放大器的 COP10B 接口端。

（五）伺服电机的电源及反馈连接

X 轴和 Z 轴伺服放大器接口 CZ7-3 端 U、V、W 输出三相交流电源，输出到伺服电机的主电源接口。伺服电机反馈编码器电缆连接到伺服放大器的 JF1 接口端。

（六）伺服放大器的上电步骤

（1）合上总电源开关，合上断路器 QF1、QF4、QF5、QF6、QF7、QF8、QF9。

（2）中间继电器 KA1 吸合，急停按钮及 X 轴、Z 轴限位开关在准备好的状态。

（3）按下系统启动按钮 SB1，中间继电器 KA2 得电吸合，KA2 的常开触点闭合，2L+、L-直流 24V 电源加到 CNC 接口的 CP1 端。CNC 数控系统上电后，初始化诊断，诊断完成，控制器及伺服放大器准备好后，伺服放大器通过接口 CX29 接通交流接触器 KM0 的线圈电源，接触器得电吸合，三相交流 380V 电源经伺服变压器 TM1 降压为三相 200V 后，经 KM0 主触点输入到伺服放大器接口的 CZ7-1 端。

三、I/O 电源控制电路的连接

CK6140 数控车床实训控制电路 I/O 单元的连接可以参考前面介绍的图 2-19。图中有 4 组 I/O 接口插槽，分别为 CB104、CB105、CB106、CB107，每组有 24/16 个输入/输出点，共 96 点输入、64 点输出。CNC 控制器上的 JD51A 端口经 I/O Link 总线与 I/O 单元模块上的 JD1B 连接。1L+、L-外部输入的直流 24V 电源接到 CP1 接口，JA3 接口连接手摇脉冲发生器，CB104、CB107 接口插槽连接到机床操作面板，输入点与机床操作面板上的开关键连接，输出点连接面板上的指示灯。CB105、CB106 接口插槽分别连接机床侧的 I/O 信号转换接口板上，其中，CB105 输入信号接机床侧的断路器辅助触点、刀架检测开关、外部急停信号、各种检测信号等，输出信号接刀架正转、反转继电器，冷却泵、润滑泵控制继电器，主轴正转、反转控制继电器，超程解除继电器等。CB106 接口输入信号接实训仿真控制面板上的按钮、各行程限位开关、回参考点减速开关等，输出信号接相应的指示灯。机床操作面板的输入、输出信号连接如图 2-24 所示。

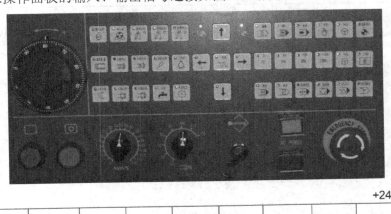

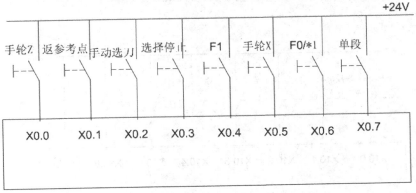

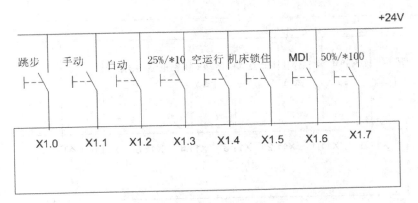

图 2-24　机床操作面板的输入、输出信号连接

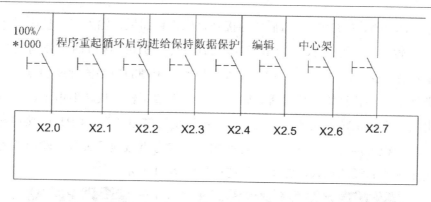

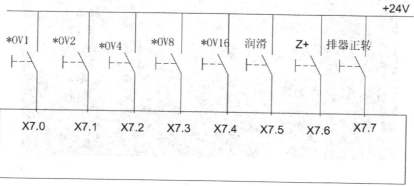

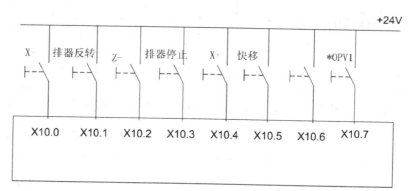

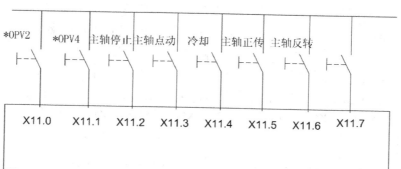

图 2-24 (续)

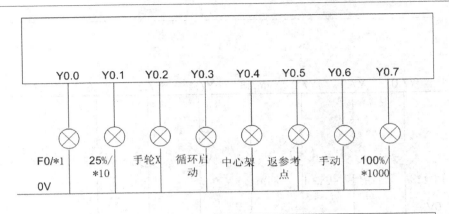

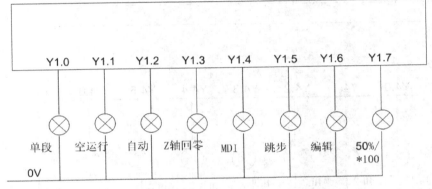

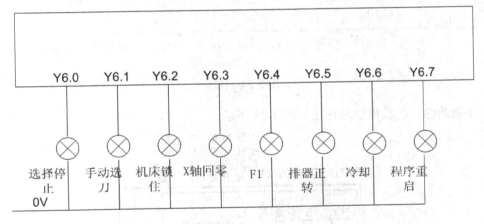

图 2-24 （续）

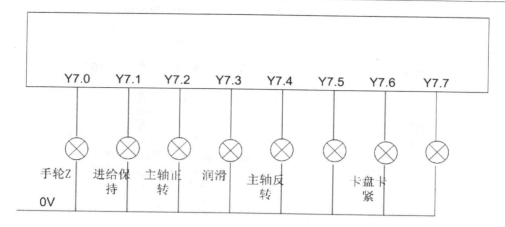

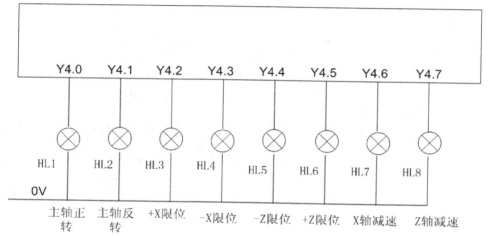

图 2-24 （续）

机床侧的输入、输出信号连接如图 2-25 所示。

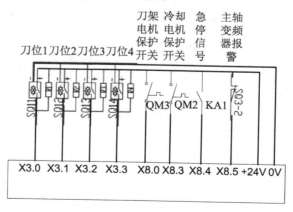

图 2-25 机床侧的输入、输出信号连接

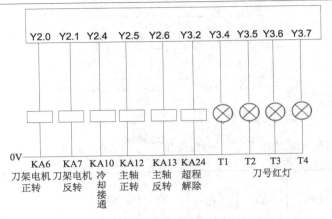

图 2-25 （续）

仿真控制面板的输入、输出信号连接如图 2-26 所示。

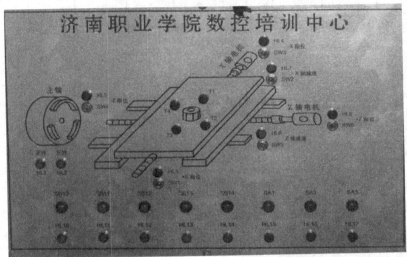

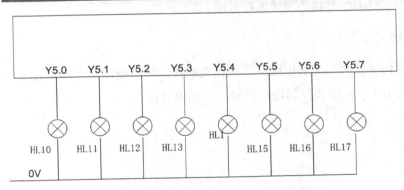

图 2-26　仿真控制面板的输入、输出信号连接

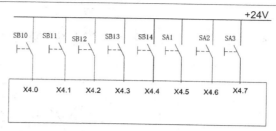

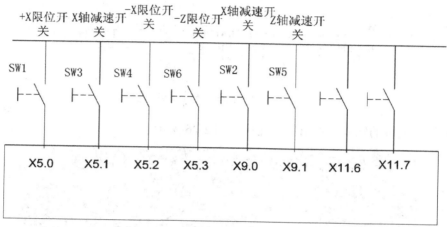

图 2-26 （续）

【项目训练】

1. 训练目的

(1) 掌握 FANUC 系统的相关控制电路。

(2) 掌握 FANUC 系统的硬件连接方法。

2. 训练项目

(1) 分析伺服放大器控制电路，查找相关硬件，按照电路原理图进行上电。

(2) 分析 I/O 单元模块控制电路及输入、输出连接。

项目三　CNC 系统参数的设定

任务一　基本参数的设定

【任务要求】

1. 掌握进给轴的轴名称参数设定方法。
2. 掌握基本速度参数的用途。

【相关知识】

数控系统的参数，是指完成数控系统与机床结构和机床各种功能匹配的数值。它决定了机床的功能、控制精度等。机床参数使用得正确与否，直接影响到了机床的正常工作及机床性能的充分发挥。

一、FANUC 数控系统参数的概念和分类

参数分系统参数和 PLC 参数。系统参数包括保密参数和一般参数。保密参数是系统厂家没有公开内容的参数。一般参数是机床配置及功能参数，比如轴数、轴性质、串行接口定义、编程功能等相关参数。PLC 参数包括计时器参数、计数器参数、保持继电器参数等。

以上两类参数是搭建操作者平台必不可少的参数。参数恢复时，先恢复系统参数、之后重新启动系统，再恢复 PLC 参数。本项目介绍系统参数的设置与调整。PLC 参数将在后面的章节中介绍。

根据数据的类型，参数的分类如表 3-1 所示。

表 3-1　参数的分类

数据类型	有效的数据范围
位型	0 或 1
位轴型	0 或 1
字节型	$-128 \sim +127$
字节轴型	$0 \sim 255$
双字型	$-99999999 \sim +99999999$
双字轴型	$-99999999 \sim +99999999$

对于位型和位轴型参数,每个数据由 8 位组成。每个位都有不同的意义。轴型参数允许参数分别设定给每个轴。表 3-1 中,各数据类型的数据值范围为一般有效范围,具体的参数值范围实际上并不相同,可参照各参数的详细说明。

二、FANUC 数控系统常用参数的含义

对于 FANUC 数控系统来说,其参数的数目是很多的,不可能对每一个参数都进行设定。CNC 系统出厂前已设定了标准参数,机床厂根据实际机床的功能,设定其中一部分参数的内容。每台数控机床都有进给轴,连接时,要最低限度地设定进给轴所需要的参数。

(1) 直线轴的最小移动单位指定:

参数	#7	#6	#5	#4	#3	#2	#1	#0
1001								INM

#0:INM　　0:直线轴的最小移动单位为公制。

　　　　　1:直线轴的最小移动单位为英制。

(2) 直径/半径指定:

参数	#7	#6	#5	#4	#3	#2	#1	#0
1006					DIA			

#3:DIA　　0:移动指令按半径规格指定。

　　　　　1:移动指令按直径规格指定。

(3) 轴名称设定(参见图 3-1):

参数	1020	各轴的轴名称

X:88　　　　U:85　　　　A:65

Y:89　　　　V:86　　　　B:66

Z:90　　　　W:87　　　　C:67

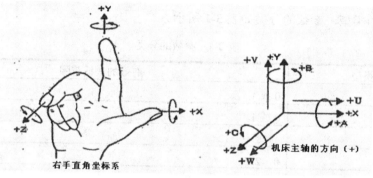

图 3-1　机床坐标系图示

(4) 轴属性设定：

参数	1022	各轴属性的设定

0：既不是基本轴也不是基本轴的平行轴。

1：基本轴的 X 轴。

2：基本轴的 Y 轴。

3：基本轴的 Z 轴。

5：X 轴的平行轴。

6：Y 轴的平行轴。

7：Z 轴的平行轴。

(5) 回转轴设定：

参数	#7	#6	#5	#4	#3	#2	#1	#0
1006								ROT

把任一轴当作回转轴使用时，设定该参数。

#0：ROT　　0：直线轴。　　1：旋转轴。

(6) 相对和绝对坐标的显示设置：

参数	#7	#6	#5	#4	#3	#2	#1	#0
1008						RRL		ROA

#2：RRL　　0：相对坐标不按每转移动量循环显示。

　　　　　　1：相对坐标按每转移动量循环显示。

#0：ROA　　0：绝对坐标旋转轴循环显示功能无效。

　　　　　　1：绝对坐标旋转轴循环显示。

在归算化设定中，1 转的移动量设为 360 度时，359.999 的下面就是回到 0。

参数	1260	旋转轴每转移动量

(7) 软限位设定：

参数	#7	#6	#5	#4	#3	#2	#1	#0
1300		LZR						

#6：LZR　　0：软限位检测在返回参考点之前检测。

　　　　　　1：软限位检测在返回参考点之后检测。

参数	1320	各轴移动范围正极限
参数	1321	各轴移动范围负极限

在回参考点前，设定最大值(参数 1320=99999999)；最小值(参数 1321=-99999999)。

参数 1320 的设定值小于 1321 的设定值时，行程无限大。

(8) 位置检测设置:

参数	#7	#6	#5	#4	#3	#2	#1	#0
1815			APC				OPT	

#5: APC 位置检测器类型 0: 增量式。 1: 绝对式。

设定该参数后, "要求回原点"的报警灯亮。此时应正确执行返回参考点的操作。

#1: OPT 分离型位置检测器 0: 不使用。 1: 使用。

首先, 应使用电动机内置的脉冲编码器, 确认电机运行正常。然后安装分离型位置检测器并进行正确的设定。

参数	1825	各轴位置环增益(0.01s)

设定伺服响应, 标准值设定为 3000。

参数	1826	各轴到位宽度

位置偏差量(诊断号 300 的值)的绝对值小于该设定值时, 认作定位已结束。

因为位置偏差量与进给速度成正比, 所以到位状态可以认为是设定速度下的状态。

参数	1828	各轴移动位置偏差极限

给出移动指令后, 如位置偏差量超出设定值, 就发出 SV0411 号报警。

参数	1829	各轴停止位置偏差极限

在没有给出移动指令时, 位置偏差超出该设定值时出现 SV0410 报警。

(9) 速度相关参数:

参数	#7	#6	#5	#4	#3	#2	#1	#0
1401		RDR					RPD	

#1: RPD 机床(配置增量编码器时)未执行参考点返回操作前手动快速移动。

  0: 无效。

  1: 有效。

#6: RDR 对于快速移动指令, 空运行。

  0: 无效。

  1: 有效。

参数	1410	设定机床空运行速度

参数	1420	各轴快速移动速度

快速倍率为 100%时, 各轴的快速移动速度。

参数	1421	各轴快速倍率为 F0 时的快速移动速度

快速倍率为 F0 时, 各轴的快速移动速度。

参数	1423	各轴点动移动速度

点动进给倍率为 100%时，各轴的点动进给移动速度。

参数	1424	各轴手动快速移动速度

快速倍率为 100%时，各轴的手动快速移动速度。

该参数设定为 0 时，使用参数 1420(各轴快移速度)的设定值。

参数	1425	各轴参考点返回操作时的 FL 速度

各轴参考点返回操作时的 FL 速度。

参数	1428	各轴参考点返回速度

参数	1430	各轴最大切削速度

(10) 加减速的相关参数：

参数	#7	#6	#5	#4	#3	#2	#1	#0
1610				JGLx			CTBx	CTLx

#4：JGLx 点动进给加减速类型。

　　　　0：指数型加减速。

　　　　1：与切削进给加减速类型一致。

#1：CTBx 切削进给或空运行加减速类型。

　　　　0：指数型或直线型加减速。

　　　　1：铃型加减速。

#0：CTLx 切削进给或空运行加减速类型。

　　　　0：指数型加减速。

　　　　1：直线型加减速。

参数	1620	各轴快速移动直线型加减速时间常数 T 或铃型加减速时间常数 T1

各轴快速移动加减速时间常数。　　　　T：参数 1620 的设定值。

直线加减速如图 3-2 所示。

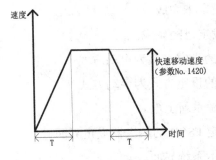

图 3-2　直线加减速的示意图

任务二　伺服参数设定

【任务要求】

1. 掌握 FSSB 的设置方法。
2. 掌握伺服参数的设定方法。

【相关知识】

FANUC 伺服系统是一个全数字的伺服系统，系统中的轴卡是一个子 CPU 系统，由它完成用于伺服控制的位置、速度、电流三环的运算控制，并将 PWM 控制信号传给伺服放大器，用于控制伺服电动机的转速。

一、FANUC 数控系统 FSSB 的初始设定

FANUC 0i-D 数控系统通过高速串行伺服总线 FSSB(FANUC Serial Servo Bus)连接 CNC 控制器和伺服放大器，这些放大器叫作从控设备。2 轴放大器由两个从控主轴组成，3 轴放大器则由三个从控装置组成。按照离 CNC 由近到远的顺序赋予从控装置 1、2、3 等编号。在 FSSB 设定界面上，确定连接 FSSB 的伺服放大器与控制器之间的关系。FSSB 的设定步骤如下。

(1) 按下急停按钮后，接通电源。

(2) 设定参数 1902#1、1902#0 为 0。

参数	#7	#6	#5	#4	#3	#2	#1	#0
1902				JGLx			ASE	FMD

#1：ASE　　　FSSB 的设定方式为自动设定方式(参数 1902#0=0)。

　　　　　　　　0：自动设定未完成。

　　　　　　　　1：自动设定已经完成。

#0：FMD　　　0：FSSB 的设定方式为自动方式。

　　　　　　　　1：FSSB 的设定方式为手动方式。

设定完成后，需要将电源重新上电。

(3) 按照以下步骤，设定 FSSB 的放大器设定界面。

① 按下 功能键，显示系统界面。

② 数次按下右扩展键 。

③ 按下 FSSB 软键： 。

④ 按下"放大器"软键：███ █████ ████ ███。

⑤ 按照连接 FSSB 的顺序显示伺服放大器的信息，如图 3-3 所示。

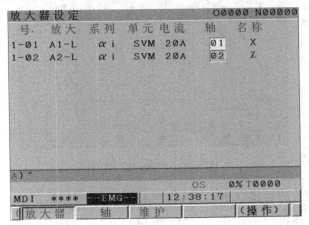

图 3-3 伺服放大器的显示界面

在"号"栏中，用 n-m 的形式进行表示，分别为 FSSB 通道号与从属设备号。

n：FSSB 的通道号。

m：1=连接接口为 COP10A-1 从属设备号。

在"放大"栏中，显示的是连接到 FSSB 的此放大器的信息，显示的项目如下：

An-x

n：放大器号(连接 FSSB 的顺序号)。

x：放大器内的轴号。

　　L=放大器内的第 1 轴。

　　M=放大器内的第 2 轴。

　　N=放大器内的第 3 轴。

在"电流"栏中，显示伺服放大器的最大电流值。

(4) 当光标显示放大器设定界面的"轴"栏时，输入与各机床轴对应的 CNC 的轴号。参数 14340~14375 中设定的为相对应的轴号。界面右侧的"名称"栏中，显示的是 CNC 的轴名称(参数 1020)。同时，扩展的轴名称功能有效，参数 1025 和 1026 设定轴名称的其他字母。若控制轴号码设为 0 时，用"-"表示。

(5) 按下软键 █。此时，发生 PW0000 报警(电源需要切断)，按下 █功能键可以继续进行操作。设定重复的轴号或者 0 时，显示"数据超出范围"。按下软键 █时，立即恢复参数设定之前的数据。

(6) 在 FSSB 界面中按下软键 █后，显示"轴设定"界面，如图 3-4 所示。

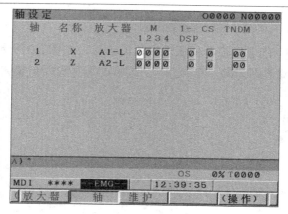

图 3-4 "轴设定"界面

(7) 设定分离式检测器接口单元的连接器号与 Cs 轮廓控制功能。

使用分离式检测器接口单元时，在 M1 和 M2 上设定对应各轴的连接器号：

右例场合，设定为：			
名称	轴号	M1	M2
1	X	1	0
2	Y	2	0
3	Z	0	0

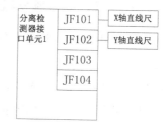

不使用分离式检测器接口单元的轴，应设定为 0。

使用分离式检测器接口单元的轴，应修改参数 1815#1=1。

(8) 按下软键███。

自动设定结束时，参数 1902#1 自动变为 1。忘记按下软键"设定"时，显示"报警 SV5128：轴设定未完成。"

(9) 切断电源，再接通。

(10) FSSB 的设定结束，通过参数 1902#1：ASE 变为 1 来确认。FSSB 的设定进行变更时，应将参数 1902#1：ASE 设定为 0，再进行一次这样的操作。组合不正确时，会发出报警 SV0466"电机/放大器不匹配"。

二、FANUC 数控系统伺服参数的初始设定

伺服初始化是在完成了 FSSB 连接与设定的基础上进行电机的一转移动量以及电机种类的设定。伺服电机必须经过初始化相关参数，正确设定后，才能够正常运行。

（一）伺服参数的设定

（1）设定"初始化设定位"参数号 2000：

参数	#7	#6	#5	#4	#3	#2	#1	#0
2000							DGP	

#1：DGP   0：进行伺服参数的初始设定。

               1：结束伺服参数的初始设定。

初始化设定完成后，第一位自动变为 1。

（2）设定"电机"代码参数号 2020。

读取伺服电机标签上的电机规格号(A06B-xxxx-Byyyy)的中间 4 位数字(xxxx)和电机型号名，如图 3-5 所示。

图 3-5 伺服电机标签上的电机规格号

βis 系列电机的代码如表 3-2 所示。从表中得到"电机代码"。

表 3-2 βis 系列电机的代码

电机型号名称	电机规格	电机代码
βis 0.2/5000	0111	260
βis 0.3/5000	0112	261
βis 0.4/5000	0114	280
βis 0.5/6000	0115	281
βis 1/6000	0116	282
βis 2/4000	0061	253
βis 4/4000	0063	256
βis 8/3000	0075	258
βis 12/3000	0078	272
βis 22/2000	0085	274

(3) 设定 AMR 参数号 2001 如下：

电机类型	#7	#6	#5	#4	#3	#2	#1	#0
αis 电机	0	0	0	0	0	0	0	0
βis 电机	0	0	0	0	0	0	0	0

(4) 指令倍乘比 CMR 设定参数号 1820。

利用 CMR 使得 CNC 的最小移动单位和伺服的检测单位相匹配。CMR 的设定值设定为 2。

(5) 柔性齿轮比参数号 2084、2085。

由电机每转的移动量和"进给变比"的设定，确定机床的检测单位。

$$\frac{\text{进给变比N}}{\text{进给变比M}} = \frac{\text{电机每转的反馈脉冲数}}{100\text{万}}$$

$$= \frac{\text{电机每转的移动量／检测单位}}{100\text{万}}$$

不论使用何种脉冲编码器，计算公式都相同。

M、N 均为 32767 以下的值，公式约为真分数。

例如：

电机每转的移动量：12mm/rev。

检测单位：1/1000mm。

$$\frac{N}{M} = \frac{12／0.001}{1000000} = \frac{3}{250}$$

车床系统通常使用直径编程，因此检测单位为 5/10000mm，计算后，上述 N/M 值为 12/500。

(6) 转动方向设定参数号 2022。

机床正向移动时伺服电机的旋转方向，设定值如表 3-3 所示。

表 3-3　伺服电机的旋转方向设定

逆时针方向旋转时	顺时针方向旋转时
设定值=111	设定值=-111

设定的旋转方向应该是从电机轴这一侧看的旋转方向。

(7) 速度脉冲数设定参数号 2023。

设定脉冲数为 8192。位置脉冲数设定参数号 2024：设定位置脉冲数为 12500。

(8)　"参考计数器"的设定参数号 1821。

通常，设定为电机每转的位置脉冲数。例如，电机每转移动 12mm，检测单位为 0.001mm 时，设定为 12000。在数控车床系统中，指定直径轴的检测单位为 0.0005mm 时，上例设定值变为 24000。

设定值举例：电机每转移动 12mm，单位为 1/1000mm 时的设定如表 3-4 所示。

表 3-4　伺服参数设定举例

设定项目	加工中心用	车床用		备　注
		X 轴	Z、Y 轴	
直径/半径指定	——	直径指定	半径指定	参数 1006#3
初始设定位	xxxxxx00	xxxxxx00	xxxxxx00	
电机代码	( )	( )	( )	根据电机类型
AMR	00000000	00000000	00000000	
CMR	2	2	2	倍率=1
柔性齿轮比 N	12	12	12	
柔性齿轮比 M	1000	500	1000	
旋转方向	111/-111	111/-111	111/-111	
速度脉冲数	8192	8192	8192	半闭环、0.001mm 时
位置脉冲数	12500	12500	12500	
参考计数器	12000	24000	12000	电机 1 转的脉冲数

上述车床系统中，直径指定的轴检测单位为 5/1000mm。

(二) 伺服参数初始化步骤

(1)　在急停状态下接通电源。

(2)　设定显示伺服设定界面的参数：

参数	#7	#6	#5	#4	#3	#2	#1	#0
3111								SVS

#0(SVS)　　　0：不显示伺服设定/伺服调整界面。

　　　　　　　1：显示伺服设定/伺服调整界面。

(3)　切断电源，再接通电源。

(4)　按照下列步骤设定伺服参数。

①　按下▣功能键。

②　按下数次右侧扩展按键▮。

③　按下软键▨。显示"伺服设定"界面，如图 3-6 所示。

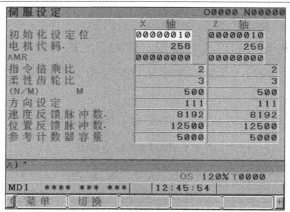

图 3-6　"伺服设定"界面

(5)　切断电源，再接通电源。

(6)　按照以下顺序操作，显示伺服设定界面，确定初始化设定位为 1。完成设定。

参数	#7	#6	#5	#4	#3	#2	#1	#0
2000							DGP	
2000	0	0	0	0	(1)	0	1	0

其中，第三位自动变为 1。

三、FANUC 数控系统主轴参数的设定

主轴控制方法主要有串行主轴和模拟主轴两种。串行主轴在 CNC 控制器与主轴放大器之间进行串行通信，交换转速和控制信号。串行主轴必须使用 FANUC 公司生产的主轴放大器。模拟主轴用模拟电压通过变频器控制主轴电机转速。主轴变频器可以使用任何厂家生产的变频器。

参数的设定。

各主轴所属通道的参数设定。

该参数设定为 0 时，主轴属于第一通道。

参数	982	各主轴所属的通道号

参数	3717	各主轴对应的放大器号

数据范围：0~ 最大控制主轴数。

各主轴所对应的放大器号的设定如下。

0：放大器没有连接。

1：使用连接于 1 号放大器的主轴电机。

2：使用连接于 2 号放大器的主轴电机。

n：使用连接于 n 号放大器的主轴电机。

在参数界面，主轴电机分别用 S1，S2……表示。

仅使用模拟主轴时，设定为 1。

所使用的主轴放大器的种类选择：

参数	#7	#6	#5	#4	#3	#2	#1	#0
3716								A/S

#0：A/S　　0：使用模拟主轴。

　　　　　1：使用串行主轴。

参数	#7	#6	#5	#4	#3	#2	#1	#0
3702							EMS	

#1：EMS　　0：使用多主轴控制。

　　　　　1：不使用多主轴控制。

该参数设定为 0 时，不进行主轴最高转速钳制。

参数	3772	各主轴最高钳制转速

铣床系统多轴控制时，No3736 主轴电机最高钳制转速无效。

任务三　案例分析：数控车床的参数设定

【任务要求】

1. 掌握数控系统初始化清零。

2. 掌握参数输入方法。

3. 初始化 FSSB 和伺服放大器。

4. 操作数控机床运行。

【相关知识】

在 CK6140 数控车床模拟实训装置中，首先将系统内存清零。然后，按照步骤输入机床参数及伺服参数，输入完成，重新上电后，系统应没有任何报警，在选定的方式下运行 X 轴和 Z 轴，机床正常运行。

一、FANUC 数控系统参数输入的步骤

(一) 参数界面的显示及参数编辑

系统参数可按照以下步骤进行调用和显示。

(1) 按 SYSTEM 功能键，再按"参数"软键。

(2) 按翻页键或者光标键，找到期望的参数。

(3) 或输入参数号，再按"检索"软键。

参数显示界面如图 3-7 所示。

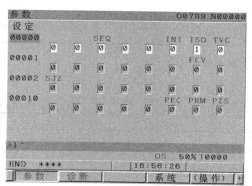

图 3-7　参数显示界面

（二）系统参数的设定

(1) 进入 MDI 方式或者急停情况。

(2) 打开参数写保护。

按功能键 OFFSET/SETTING，再按"设定"软键，出现如图 3-8 所示的界面。

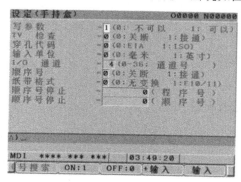

图 3-8　系统参数设定界面

将"写参数"一项设定为 1(可以)。出现"SW0100 参数写入开关处于打开"的报警，如图 3-9 所示。

(3) 按功能键 SYSTEM。

(4) 按"参数"软键，通过参数调用和显示的方法找到期望的参数号。

(5) 输入参数值，按 INPUT 输入键确认参数输入。输入重要参数后，会出现"PW0000 号必需关断电源"的报警，如图 3-10 所示，需要关机后重新启动系统。

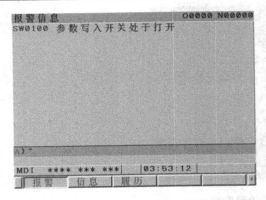

图 3-9　报警信息界面(参数写入开关处于打开)　　图 3-10　报警信息界面(必需关断电源)

(6) 关闭写保护。

二、机床参数设定的过程

(一) 存储器全清操作

同时按下 RESET+DELETE 按键，并且给系统上电。直到系统上电启动完成后，松开两个按键，出现初始化对话 ALL FILE INITIALIZE OK? (NO=0，YES=1)。输入 1，系统自动进入初始化，完成后，出现日期时间调整对话 ADJUST THE DATA/TIME? (NO=0，YES=1)，若日期及时间有误，输入 1 进行调整，完成后出现 IPL 菜单，输入 0(END IPL)结束 IPL 功能，系统完成初始化，即存储器全清(参数/偏置量和程序)的操作。初始化后，一般会出现报警，如图 3-11 所示。

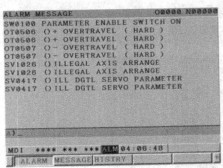

图 3-11　初始化后的报警信息界面

(二) 设定系统语言

初始化完成后，显示为英文界面，一般需要调整成简体中文。

设定参数 PRM3281=15，即中文(简体字)，或者用菜单进行选择，如图 3-12 所示。

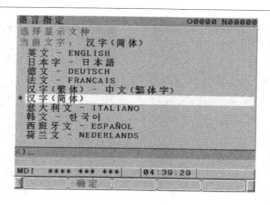

图 3-12　语言设置界面

按功能键 OFFSET/SETTING，再继续按 "+" 软键 3 次，按下 LANG 软键，选择中文（简体字），再按 OPRT 软键，再按 APPLY 软键，语言设定完成。

(三) 参数设定

运用参数设定帮助功能进行设定操作，按 SYSTEM 功能键会循环出现 "参数"、"诊断"、"参数设定支援" 三个界面，如图 3-13 所示。

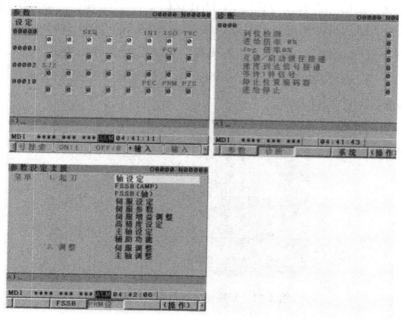

图 3-13　"参数"、"诊断"、"参数设定支援" 界面

一般常用参数可以通过"参数设定支援"来完成，通常进入"参数设定支援"界面，选择轴设定选项，再按"初始化"软键，出现"是否设定初始值？"信息，按"执行"软键，否则按"取消"软键，所有轴设定的参数设定完成，被赋予标准值，出现 PW0000 号报警。

标准值设定完成后，关机重启系统，在出现"参数设定支援"界面时，按"操作"软键，按"选择"软键后，进入轴设定的内容界面，再根据机床需要，设定一些参数。

轴设定(AXIS SETTING)项。轴设定中主要有以下 4 个组，分别有基本组(BASIC)、坐标组(COORDINATE)、进给速度组(FEED RATE)、加/减速组(ACC/DEC)，如图 3-14~3-16所示。对每一组参数分别进行设定。

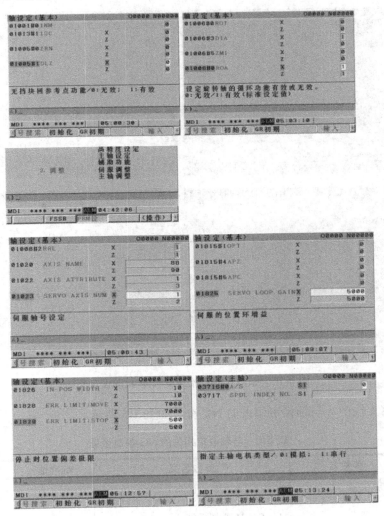

图 3-14　轴设定的基本参数

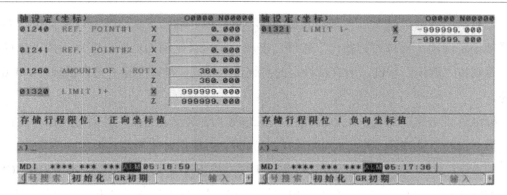

图 3-15 轴设定的坐标参数

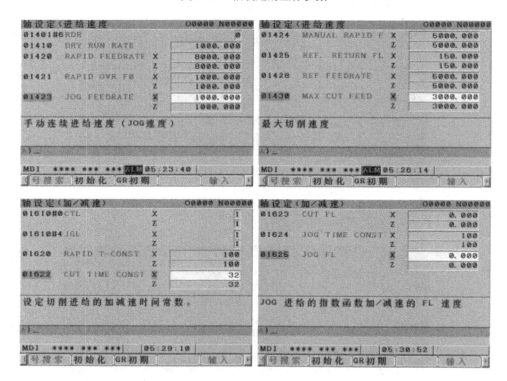

图 3-16 轴设定的进给速度和加/减速设定参数

参数设定支援中，与轴设定相关的 NC 参数如表 3-5 所示。

表 3-5 与轴设定相关的 NC 参数设置

参数号	参数名	参数含义	标准值	设定值例	
1001#0	INM	指定直线轴最小移动单位。 0：MM 公制系统。 1：INCH 英制系统		0	
1013#1	ISC	最小输入增量和最小指令增量设定。 0：IS-B0.001；1：IS-C0.0001		X	0
				Z	0

参数号	参数名	参数含义	标准值		设定值例	
1005#0	ZRN	手动回参考点前，自动运行指定了除指令 G28 外的其他指令是否发生 P/S224 报警。 0：发出 PS0224 报警。 1：不报警	X Z	0 0	X Z	0 0
1005#1	DLZ	无挡块回参考点功能。 0：无效；1：有效			X Z	0 0
1006#0	ROT	设定直线和回转轴。 0：直线轴；1：回转轴			X Z	0 0
1006#3	DIA	移动量指定方式。 0：半径指定；1：直径指定			X Z	1 0
1006#5	ZMI	返回参考点方向。 0：正向；1：反向			X Z	0 0
1008#0	ROA	设定旋转轴的循环功能有效或无效。 0：无效；1：有效(标准设定值)			X Z	1 1
1008#2	RRL	相对坐标的一转移动量。 0：不取整；1：取整	X Z	1 1	X Z	1 1
1020	AXIS NAME	程序轴名。 X=88　Y=89　Z=90	X Z	88 90	X Z	88 90
1022	AXIS ATTRIBUTE	各轴在基本坐标系中的次序	X Z	1 3	X Z	1 3
1023	SERVO AXIS NUM	侍服轴号的设定	X Z	1 2	X Z	1 2
1815#1	OPT	分离型脉冲编码器。 0：不使用；1：使用			X Z	0 0
1815#4	APZ	机械位置和绝对位置检测器的位置。 0：一致；1：不一致			X Z	0 0
1815#5	APC	选择位置检测器。 0：增量式；1：绝对式			X Z	0 0
1825	SERVO LOOP GAIN	侍服的位置环增益			X Z	5000 5000
1826	IN-POS WIDTH	到位宽度			X Z	10 10
1828	ERR LIMIT:MOVE	移动时位置的偏差极限			X Z	7000 7000
1829	ERR LIMIT:STOP	停止时位置的偏差极限	X Z	500 500	X Z	500 500
3716#0	A/S	指定主轴电机的类型。 0：模拟；1：串行	0		0	
3717	SPDL INDEX NO.	为各个主轴电机设定编号	1		1	
1240	REF. POINT#1	第 1 参考点位置(机械坐标系)			X Z	0.000 0.000

续表

参数号	参数名	参数含义	标准值	设定值例
1241	REF. POINT#2	第2参考点位置(机械坐标系)		X 0.000
				Z 0.000
1260	AMOUNT OF PTO	设定旋转轴转一周的移动量	X 360.000	X 360.000
			Z 360.000	Z 360.000
1320	LIMIT 1+	储存行程限位1正向坐标系		X 999999.000
				Z 999999.000
1321	LIMIT 1−	储存行程限位1负向坐标系		X −999999.000
				Z −999999.000
1401#6	RDR	快速空行。 0：无效；1：有效	0	0
1410	DRY RUN RATE	设定空运转的速度及手动直线及圆弧。 插补的进给速度		1000.000
1420	RAPID RUN RATE	快速移动速度		X 1000.000
				Z 1000.000
1421	RAPID OVRRIDE FO	快速移动速度倍率F0		X 1000.000
				Z 1000.000
1423	JOG FEEDRATE	手动连续进给速度(JOG速度)		X 1000.000
				Z 1000.000
1424	MAUNAL RAPID F	手动快速移动速度		X 5000.000
				Z 5000.000
1425	RETURN FL	回参考点的FL速度		X 150.000
				Z 150.000
1028	REF. FEEDRATE	回参考点速度		X 5000.000
				Z 5000.000
1430	MAX CUT FEEDRATE	最大切削速度		X 3000.000
				Z 3000.000
1010#0	CTL	切削进给、空运转的加速度。 0：指数函数型；1：直线型		X 1
				Z 1
1610#4	JGJ	JOG进给的加/减速。 0：指数函数。 1：与切削进给一样		X 1
				Z 1
1620	RAPID TIME CONST	设定快进的直线型加减速时间常数		X 100
				Z 100
1622	CUT TIME CONST	设定切削进给加减速时间常数		X 32
				Z 32
1623	CUT	插补后切削进给的加/减速的FL速度		X 0.000
				Z 0.000
1624	JOG TIME CONST	设定JOG进给的时间常数		X 100
				Z 100
1625	JOG FL	JOG进给的指数函数加/减的FL速度		X 0.000
				Z 0.000

重新启动完成后，进入"参数设定支援"界面，选择"伺服设定"菜单，按"操作"软键，再按"选择"软键，进入"伺服设定"界面，再按继续键">>"，再按"切换"软键，进入"伺服设定"界面，根据机床要求设定伺服参数，如图 3-17 所示，输入完毕后，出现 PW0000 号"必须关断电源"报警，重新上电启动系统后，主轴参数设定完成。

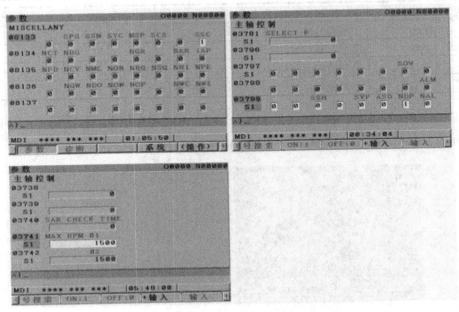

图 3-17　"伺服设定"界面

重新启动后，进入参数设定界面，设定与主轴相关的参数，将界面调至参数界面，对 PRM8133#0 号参数进行修改，将值修改成 1。根据机床上是否装有主轴位置编码器，对 PRM3799 号参数进行修改，设定 PRM3799=00000010。根据机床要求设定主轴参数，对 PRM3741 号参数进行修改，设定 PRM3741=1500，如图 3-18 所示，主轴参数的设置可参见表 3-6。输入完毕后，出现 PW0000 号"必须关断电源"报警，重新上电启动后，主轴参数设定完成。

图 3-18　主轴参数设定界面

表 3-6　主轴参数的设置

参数号	参数名	参数含义	初始值	设定值
8133#0	SSC	是否使用恒线速控制功能。 0：不使用；1：使用	0	1
3799#1	NDP	是否进行模拟主轴时的位置编码器的断线检查。 0：进行；1：不进行	0	1
3741	MAX RPM #1	与齿轮 1 对应的主轴最大转速	0	1500

完成轴设定后，将界面调至参数界面，对 PRM3003 号参数进行修改，设定 PRM3003 =00001101，对 PRM3004 号参数进行修改，设定 PRM3004=00100000，如图 3-19 所示，设置时参照表 3-7。完成后关机重启。

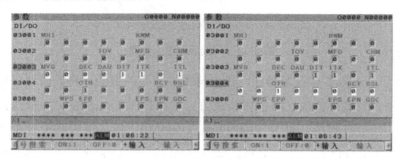

图 3-19　互锁参数设置界面

表 3-7　互锁参数的设置

参数号	参数名	参数含义	初始值	设定值
3003#0	ITL	互锁信号(1：无效)	0	1
3003#2	ITX	各轴互锁信号(1：无效)	0	1
3003#3	DIT	各轴方向互锁信号(1：无效)	0	1
3004#5	QTH	各轴超程信号的检测(1：不检测)	0	1

设定完成后，再输入手轮相关的参数，设定一下。设定 PRM8131#0=1、PRM7113 =100、PRM7114=100，如图 3-20 所示，设置时参照表 3-8。设定完成后重启。

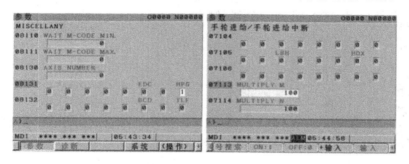

图 3-20　手轮相关参数设置界面

表 3-8　手轮相关参数的设置

参 数 号	参 数 名	参 数 含 义	初 始 值	设 定 值
8131#0	HPG	手轮进给是否使用(1：使用)	0	1
7113	MULTIPLY M	手轮进给倍率 M	0	100
7114	MULTIPLY N	手轮进给倍率 N	0	100

重启完成后，系统应该正常工作，无报警且可操作。

【项目训练】

1. 训练目的

(1) 掌握数控系统参数的设定方法。

(2) 完成数控车床参数的设定。

(3) 实现数控车床所有方式选择的功能。

2. 实训项目

用 CK6140 数控车床模拟装置完成参数设定及实现各功能。

项目四　PMC 的基本功能

任务一　PMC 接口控制

【任务要求】

1. 掌握 I/O 模块的地址分配。
2. 掌握 PMC 与机床、CNC 之间的关系。

【相关知识】

PMC(Programmable Machine Controller)是专用于数控机床外部辅助电气控制的控制装置。它是数控系统内装的可编程机床控制器。通过对 PMC 的编程，数控机床可实现冷却控制、自动润滑控制、自动卡盘夹紧松开控制、顶尖的前后移动、刀塔的自动换刀、主轴的正反转控制、刀库机械手的自动换刀控制、自动托盘的交换控制等辅助控制功能。

PMC 主要有响应速度快、控制准确、可靠性好、抗干扰能力强、编程方便、控制功能修改方便等优点。

一、PMC 功能介绍

数控机床所受的控制可分为两类：一类是最终实现对各坐标轴运动进行的"数字控制"，即控制机床各坐标轴的移动距离、各轴运行的插补、补偿等；另一类是"顺序控制"，即在数控机床运行的过程中，以 CNC 内部和机床各行程开关、传感器、按钮、继电器等的开关量信号状态为条件，并按照预先规定的逻辑顺序对诸如主轴的起停、换向，刀具的更换，工件的夹紧、松开，液压、冷却、润滑系统的运行等进行的控制。

（一）机床操作面板控制

将机床操作面板上的控制信号直接送入 PMC，以控制数控系统的运行。

（二）机床外部开关输入信号控制

将机床侧的开关信号输入 PMC，经逻辑运算后，输出给控制对象。这些控制开关包括各类控制开关、行程开关、接近开关、压力开关和温控开关等。

(三) 输出信号控制

PMC 输出的信号经强电柜中的继电器、接触器，通过机床侧的液压或气动电磁阀，对刀库、机械手和回转工作台等装置进行控制，另外，还对冷却泵电动机、润滑泵电动机及电磁制动器等进行控制。

(四) 伺服控制

控制主轴和伺服进给驱动装置的使能信号，以满足伺服驱动的条件，通过驱动装置驱动主轴电动机、进给伺服电动机和刀库电动机等。

(五) 报警处理控制

PMC 收集强电柜、机床侧和伺服驱动装置的故障信号，将报警标志区中的相应报警标志位置位，数控系统便显示报警号及报警提示信息，以方便故障诊断。

(六) 转换控制

对于转换控制来说，有些加工中心可以实现主轴立/卧转换。PMC 完成的主要工作包括：切换主轴控制接触器；通过 PMC 的内部功能，在线自动修改有关机床的数据位；切换伺服系统进给模块，并切换用于坐标轴控制的各种开关、按键等。

PMC 的功能框图如图 4-1 所示。

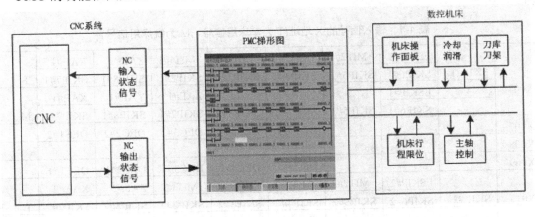

图 4-1 PMC 的功能框图

二、PMC 控制信号及地址

PMC 的结构及控制信号的工作流程如图 4-2 所示。

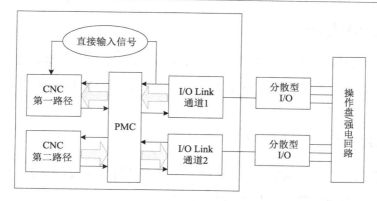

图 4-2　PMC 的结构及控制信号的工作流程

(1) 地址为 G 和 F 的信号,由 CNC 的控制软件决定其地址。例如,自动运转启动信号 ST 的地址是 G7.2。

(2) 机床和 PMC 之间的接口信号,输入信号地址为 X,输出信号地址为 Y,由机床厂家设计人员分配。

(3) 急停信号(*ESP)和跳转信号(SKIP)等高速信号由 CNC 直接进行读取。这些输入信号的 X 地址是系统确定的。对于直接的输入信号,可参考表 4-1。其他 X 和 Y 信号的地址,可根据实际情况任意定义。

(4) 前面带"*"的信号是负逻辑信号。例如,急停信号(*ESP)通常为 1,处于急停状态时为 0。

表 4-1　输入信号的 X 地址(T 为车床用信号、M 为铣床用信号)

		ESKIP#1	−MIT2#1	+MIT2#1	−MIT1#1	+MIT1#1	ZAE#1	XAE#1	
X004	SKIP#1	SKIP6#1	SKIP5#1	SKIP4#1	SKIP3#1	SKIP2#1	SKIP8#1	SKIP7#1	T
		ESKIP#1					ZAE#1	YAE#1	XAE#1	
		SKIP6#1	SKIP5#1	SKIP4#1	SKIP3#1	SKIP2#1	SKIP8#1	SKIP7#1	M
X007				DEC5#2	DEC4#2	DEC3#2	DEC2#2	DEC1#2	
X008				*ESP1					
X009				DEC5#1	DEC4#1	DEC3#1	DEC2#1	DEC1#1	
X013	SKIP#2	ESKIP#2	−MIT2#2	+MIT2#2	−MIT1#2	+MIT1#2	ZAE#2	XAE#2	
		SKIP6#2	SKIP5#2	SKIP4#2	SKIP3#2	SKIP2#2	SKIP8#2	SKIP7#2	T
									M

三、I/O Link 的地址分配

(一) I/O Link 的地址范围

I/O Link 的地址范围如表 4-2 所示。

表 4-2　I/O Link 的地址范围

种　类		范　围	备　注	
X	外部→PMC	X0000～X0127	I/O Link 输入	通道 1
		X0200～X0327		通道 2
Y	PMC→外部	Y0000～Y0127	I/O Link 输出	通道 1
		Y0200～Y0327		通道 2
G	PMC→CNC	G0000～	CNC 功能信号	
F	CNC→PMC	F0000～		

(二) I/O Link 的地址分配

(1)　I/O 模块的硬件连接如图 4-3 所示。

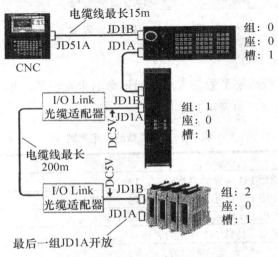

图 4-3　I/O 模块的硬件连接

由于各个 I/O 点及手轮脉冲信号都连接在 I/O Link 总线上,在 PMC 梯形图编辑之前,都要进行 I/O 模块的设置,即地址分配。在 PMC 中进行模块分配,实质上就是要把硬件连接和软件设定统一的地址(物理点和软件点的对应)。

为了地址分配的命名方便,将各 I/O 模块的连接定义出组(group)、座(base)、槽(slot)的概念。

组(group):系统和 I/O 单元之间通过 JD1A→JD1B 串行连接,离系统最近的单元称为第 0 组,依次类推,最大到 15 组。

基座(base):使用 I/O UNIT-MODEL A 时,在同一组中可以连接扩展模块,因此,在同一组中为区分其物理位置,定义主副单元分别为 0 基座、1 基座。

槽(slot):使用 I/O UNIT-MODEL A 时,在一个基座上可以安装 5~10 槽的 I/O 模块,从左至右依次定义其物理位置为 1 槽、2 槽。

I/O 模块设定界面如图 4-4 所示。

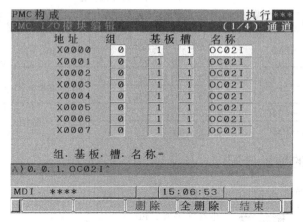

图 4-4 I/O 模块设定界面

(2) I/O 模块设定名称。

I/O 点数的设定是按照字节数的大小，通过命名来实现的，根据实际的硬件单元所具有的容量和要求进行设定，如表 4-3 所示。

表 4-3 I/O 点数的设定规则

输入设定	
OC01I	适用于通用 I/O 单元的名称设定，12 个字节的输入
OC01I	适用于通用 I/O 单元的名称设定，16 个字节的输入
OC03I	适用于通用 I/O 单元的名称设定，32 个字节的输入
/n	适用于通用、特殊 I/O 单元的名称设定，n 字节
输出设定	
OC01O	适用于通用 I/O 单元的名称设定，8 个字节的输出
OC02O	适用于通用 I/O 单元的名称设定，16 个字节的输出
OC03O	适用于通用 I/O 单元的名称设定，32 个字节的输出
/n	适用于通用、特殊 I/O 单元的名称设定，n 字节

系统的 I/O 单元模块地址分配很自由，但有一个规律，连接手摇脉冲发生器的模块必须为 16 个字节，且手摇脉冲发生器连在离 CNC 控制器最近的一个 16 字节大小的 I/O 单元模块的 JA3 接口上。对于此 16 个字节模块，Xm+0 到 Xm+11 用于输入点，即使实际上没有那么多输入点，但为了连接手摇脉冲发生器，也需如此分配。Xm+12 到 Xm+14 用于三个手摇脉冲发生器的输入信号。

带手轮 I/O 模块的地址分配：Oi-D 仅用如下 I/O 单元 A，不再连接其他模块时，可设置如下。

X 从 X0 开始，用键盘输入：0.0.1.OC021。

Y 从 Y0 开始，用键盘输入：0.0.1./8。

只连接一个手轮时(第一手轮)，旋转手轮时，可看到 Xm+12 中信号在变化。Xm+15 用于输出信号的报警。m 为在模块分配时的起始地址，一旦分配的起始地址(m)定义好以后，则模块内的点地址也相对有了固定地址。手轮连接示意图如图 4-5 所示。

图 4-5　手轮连接示意图

显示地址分配的界面如图 4-6 所示。

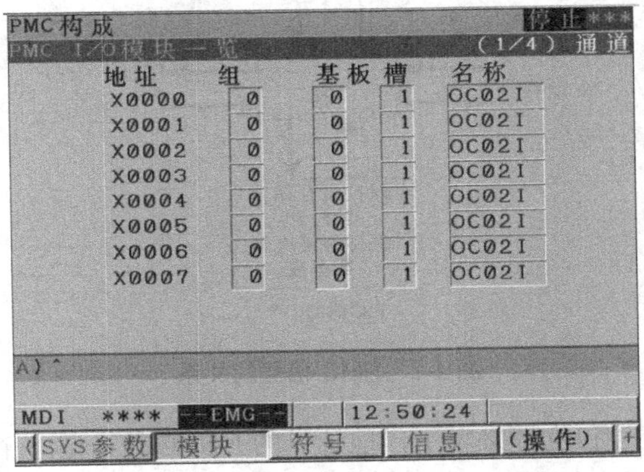

图 4-6　地址分配界面

任务二　PMC 的功能

【任务要求】

1. 掌握 PMC 程序的编制方法。

2. 掌握典型功能指令的应用。

【相关知识】

与 PMC 有关的程序包括两类：面向 PMC 内部的程序，即系统管理程序和编译程序，这些程序由系统生产厂家设计，并固化到系统存储器中；另一类是面向机床厂家产品功能的应用控制程序，即用户程序。PMC 用户程序的表达方法主要有两种：梯形图和语句表。梯形图是数控机床生产厂家设计人员广泛应用的编程语言。梯形图程序采用类似于继电器触点、线圈的图形符号，容易被从事机床电气设计的技术人员所理解和掌握。

一、PMC 控制信号的含义

地址用来区分信号。不同的地址分别对应机床侧的输入输出信号、CNC 侧的输入输出信号、内部继电器、计数器、保持型继电器和数据表。在编制 PMC 程序时，所需的 4 种类型的地址如图 4-7 所示，图中，MT 与 PMC 相关的输入/输出信号由 I/O 板的接收电路和驱动电路传送。其余几种信号仅在存储器(如 RAM)中传送。

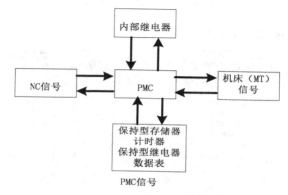

图 4-7　PMC 信号的关系

地址的格式用地址号和位号来表示，地址号的开头必须指定一个字母，表示信号的类型，字母与信号类型的对应关系如表 4-4 所示。在功能指令中指定的字节单位的地址位号可以省略。

表 4-4　地址字母与信号类型的对应关系

字　母	信号的种类
X	由机床向 PMC 的输入信号(MT→PMC)
Y	由 PMC 向机床的输出信号(PMC→MT)
F	由 NC 向 PMC 的输入信号(NC→PMC)
G	由 PMC 向 NC 的输出信号(PMC→NC)
R	内部继电器
D	保持型存储器的数据
C	计数器
K	保持型继电器
T	可变定时器

PMC 各信号的地址范围见表 4-5。

表 4-5　PMC 各信号的地址范围

	0i-D PMC	0i-D PMC/L 0i Mate-D PMC/L
编程语言	梯形图	
级数	3	3
第一执行周期	4/8ms	
基本指令处理速度	25ns/step	1μs/step
I/O Link 的最大信号点数	2048/2048	1024/1024
0i-D	0	0B
0i-Mate D	—	0
T 地址范围	T0~T499，T9000~T9499	T0~T79，T9000~T9079
C 地址范围	C0~C399，C5000~C5199	C0~C79，C5000~C5039
K 地址范围	K0~K99，K900~K999	K0~K19，K900~K999
D 地址范围	D0~D9999	D0~D2999
A 地址范围	A0~A249，A9000~A9249	A0~A249，A9000~A9249
符号	基本规格	16 字符	
	扩展规格	40 字符	
指令	基本规格	30 字符	
	扩展规格	255 字符	

二、PMC 的数据形式

PMC 的数据形式分为二进制形式、BCD 码形式和位型三种。CNC 和 PMC 之间的接口信号为二进制形式。一般来说，PMC 数据也采用二进制形式。

(一) 带符号的二进制形式(Binary)

可进行 1 字节，2 字节，4 字节的二进制处理。可使用的数值范围如表 4-6 所示。

表 4-6　带符号的二进制数据范围

数据长度	数据范围(十进制换算)	备 注
1 字节	−128 ~ +127	
2 字节	−32768 ~ +32767	采用 2 的补码表示
4 字节	−2147483648 ~ +2147483647	

在顺序程序中，对于指令数据的长度和初始地址，在诊断界面(PMCDGN)确认 2 字节、4 字节的地址数据时，地址号大的为高位地址，由 R100 指定 4 字节长的数据时，地址和位的对应关系如表 4-7 所示。

表 4-7　地址和位的对应关系

	#7	#6	#5	#4	#3	#2	#1	#0
R100	2^7	2^6	2^5	2^4	2^3	2^2	2^1	2^0
R101	2^{15}	2^{14}	2^{13}	2^{12}	2^{11}	2^{10}	2^9	2^8
R102	2^{23}	2^{22}	2^{21}	2^{20}	2^{19}	2^{18}	2^{17}	2^{16}
R103	$\pm$	2^{30}	2^{29}	2^{28}	2^{27}	2^{26}	2^{25}	2^{24}

（二）BCD 形式

在十进制数的二-十进制(Binary Coded Decimal，BCD)中，用 4 位的二进制码表示十进制的各位。可以处理 2 位或 4 位的十进制数，符号用其他信号进行处理：

		#7	#6	#5	#4	#3	#2	#1	#0
+0		10 位				个位			
		80	40	20	10	8	4	2	1
+1		1000 位				100 位			
		8000	4000	2000	1000	800	400	200	100

例如，63 和 1234 的 BCD 码表示如下：

十进制数		63	1234
BCD 码	+0	01100011	00110100
	+1	—	00010010

BCD 码和二进制数的变换通过 DCNV、DCNVB 指令来进行。

（三）位数：Bit

处理 1 位信号和数据时，在地址之后指定小数点的位号：

地　址	#7	#6	#5	#4	#3	#2	#1	#0
××××			√					

例如，X0001.2(地址 X0001 的第二位)。

可以以位为单位，来读写数据表的数据部分。

三、PMC 的功能指令

（一）数控系统常用的标准功能指令

FANUC-0iD 和 0i-MATED 数控系统常用的标准功能指令如以下各表所示。

(1) 定时器/计数器功能指令:

功 能 名	命 令 号	处理内容
定时器		
TMR	SUB3	延时定时器(上升沿触发)
TMRB	SUB24	固定延时定时器(上升沿触发)
TMRC	SUB54	延时定时器(上升沿触发)
TMRBF	SUB77	固定延时定时器(下降沿触发)
计数器		
CTR	SUB5	计数器
CTRB	SUB56	追加计数器
CTRC	SUB55	追加计数器

(2) 数据传送功能指令:

功 能 名	命 令 号	处理内容
数据传送		
MOVB	SUB43	1 字节数据传送
MOVW	SUB44	2 字节数据传送
MOVD	SUB47	4 字节数据传送
MOVN	SUB45	任意字节数据传送
MOVE	SUB8	逻辑乘后数据传送
MOVOR	SUB28	逻辑加后数据传送
XMOVB	SUB35	二进制变址修改数据传送
XMOV	SUB18	BCD 变址修改数据传送

(3) 数值比较功能指令:

功 能 名	命 令 号	处理内容
数值比较		
COMPB	SUB32	二进制数据比较
COMP	SUB15	BCD 数据比较
COIN	SUB16	BCD 一致性判断
EQB	SUB200	1 字节长二进制比较(=)
EQW	SUB201	2 字节长二进制比较(=)
EQD	SUB202	4 字节长二进制比较(=)
NEB	SUB203	1 字节长二进制比较($\neq$)
NEW	SUB204	2 字节长二进制比较($\neq$)
NED	SUB205	4 字节长二进制比较($\neq$)
GTB	SUB206	1 字节长二进制比较(>)
GTW	SUB207	2 字节长二进制比较(>)
GTD	SUB208	4 字节长二进制比较(>)
LTB	SUB209	1 字节长二进制比较(<)
LTW	SUB210	2 字节长二进制比较(<)

功 能 名	命 令 号	处理内容
数值比较		
LTD	SUB211	4 字节长二进制比较(<)
GEB	SUB212	1 字节长二进制比较(≥)
GEW	SUB213	2 字节长二进制比较(≥)
GED	SUB214	4 字节长二进制比较(≥)
LEB	SUB215	1 字节长二进制比较(≤)
LEW	SUB216	2 字节长二进制比较(≤)
LED	SUB217	4 字节长二进制比较(≤)
RNGB	SUB218	1 字节长二进制比较(范围)
RNGW	SUB219	2 字节长二进制比较(范围)
RNGD	SUB220	4 字节长二进制比较(范围)

(4) 数据处理功能指令：

功 能 名	命 令 号	处理内容
数据处理		
DSCHB	SUB34	二进制数据检索
DSCH	SUB17	BCD 数据检索
DIFU	SUB57	上升沿输出
DIFD	SUB58	下降沿输出
EOR	SUB59	异或
AND	SUB60	逻辑乘
OR	SUB61	逻辑和
NOT	SUB62	逻辑非
PARI	SUB11	奇偶校验
SFT	SUB33	移位寄存器
COD	SUB7	BCD 码变换
CODB	SUB27	二进制码变换
DCNV	SUB14	数据转换
DCNVB	SUB31	扩展数据转换
DEC	SUB4	BCD 译码
DECB	SUB25	二进制译码

(5) 演算命令功能指令：

功 能 名	命 令 号	处理内容
演算命令		
ADDB	SUB36	二进制加法运算
SUBB	SUB37	二进制减法运算

续表

功 能 名	命 令 号	处理内容
演算命令		
MULB	SUB38	二进制乘法运算
DIVB	SUB39	二进制除法运算
ADD	SUB19	BCD 加法运算
SUB	SUB20	BCD 减法运算
MUL	SUB21	BCD 乘法运算
DIV	SUB22	BCD 除法运算
NUMEB	SUB40	二进制常数赋值
NUME	SUB23	BCD 常数赋值

(6) CNC 相关功能指令：

功 能 名	命 令 号	处理内容
CNC 相关		
DISPB	SUB41	信息显示
EXIN	SUN42	外部数据输入
WINDR	SUB51	CNC 数据读取
WINDW	SUB52	CNC 数据写入
AXCTL	SUB53	PMC 轴控制指令
PSGNL	SUB50	位置信号
PSGN2	SUB63	位置信号

(7) 程序控制功能指令：

功 能 名	命 令 号	处理内容
程序控制		
COM	SUB9	公共线控制开始
COME	SUB29	公共线控制结束
JMP	SUB10	跳转
JMPE	SUB30	跳转结束
JMPB	SUB68	标号跳转 1
JMPC	SUB73	标号跳转 2
LBL	SUB69	标号
CALL	SUB65	有条件子程序调用
CALLU	SUB66	无条件子程序调用
CS	SUB74	选择调用开始
CM	SUB75	选择子程序调用
CE	SUB76	选择调用结束
SP	SUB71	子程序开始
SPE	SUB72	子程序结束

续表

功 能 名	命 令 号	处理内容
程序控制		
END1	SUB1	第 1 级程序结束
END2	SUB2	第 2 级程序结束
END3	SUB48	第 3 级程序结束
END	SUB64	程序结束
NOP	SUB	无操作

(8) 回转控制功能指令：

功 能 名	命 令 号	处理内容
回转控制		
ROT	SUB6	BCD 回转控制
ROTB	SUB26	二进制回转控制

（二）典型功能指令描述

1. 结束指令 END

结束指令有第一级程序结束、第二级程序结束、程序结束指令：

```
SUB   1
END1          第一级程序结束

SUB   2
END2          第二级程序结束

SUB   64
END           程序结束
```

2. 定时器 TMR

(1) TMR SUB 3 延时定时器(上升沿触发)的延时时间取决于定时器设定界面设定的时间值和精度值。

定时器设定时间的界面如图 4-8 所示。

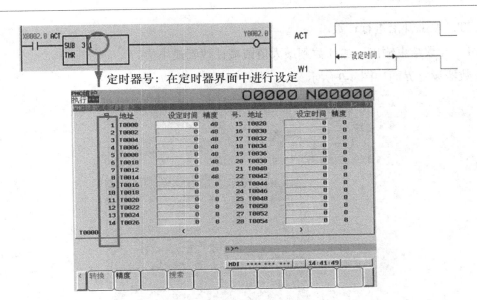

图 4-8 定时器设定时间的界面

(2) 固定延时定时器(上升沿触发)。

TMRB SUB 24 固定延时定时器(上升沿触发)的设定时间是固定的延时时间，在功能指令的参数中指定时间。

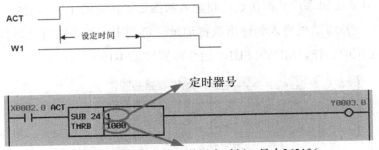

设定时间: 用ms单位的10进制数设定时间。最大262136

3. 计数器 CTR

CTR SUB5 计数器是进行加/减计数的环形计数器，计数器用系统参数(二进制/BCD)进行设定。

CN　0: 从 0 开始计数。

　　　1: 从 1 开始计数。

UP/DOWN　0: 加计数。

　　　　　1: 减计数。

RST　1: 将计数器复位。加计数器根据设定复位为0或1，减计数复位为预置值。

ACT：取上升沿进行计数。

W1：计数结束输出。加计数到最大值或减计数到最小值。

计数器设定界面如图 4-9 所示。

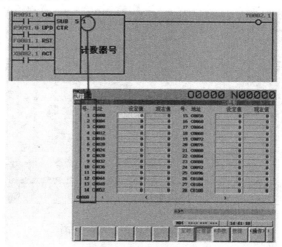

图 4-9　计数器设定界面

4. 数据传送 MOVE

MOVE SUB 8 逻辑乘后数据传送，将输入数据地址指定的 1 字节的数据与比较数据进行逻辑乘(AND)，并将结果写入到输出数据地址。可利用该指令的特性进行指定数据位的屏蔽、断开指定位的操作。MOVE SUB8 指令举例如图 4-10 所示。

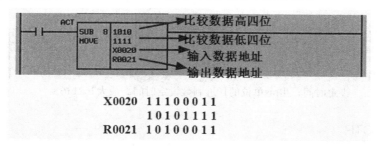

图 4-10　MOVE SUB8 指令举例

5. 上升沿输出 DIFU 和下降沿输出 DIFD

DIFU SUB 57：上升沿输出。

DIFD SUB 58：下降沿输出。

注：前沿检测号与后沿检测号不能重复，否则不能进行正确检测。

上升沿输出 DIFU 和下降沿输出 DIFD 的指令举例如图 4-11 所示。

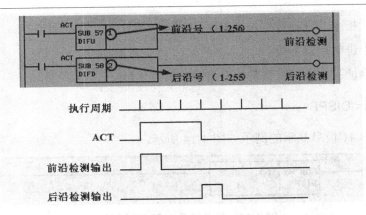

图 4-11　上升沿输出 DIFU 和下降沿输出 DIFD 的指令举例

6. 二进制码变换 CODB

CODB　SUB 27 执行二进制码变换。该命令的内置变换列表中设置参数，表号(0~255)用二进制数据指定。数据值写入变换数据输出地址。所用数据均为二进制码表示。

二进制码变换 CODB 指令举例如图 4-12 所示。

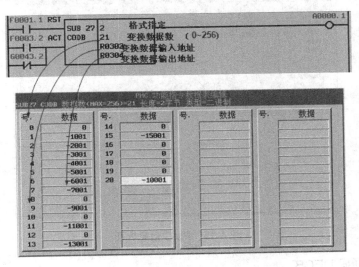

图 4-12　二进制码变换 CODB 指令举例

7. 二进制常数赋值 NUMEB

NUMEB SUB 40 为二进制常数赋值。指令举例如图 4-13 所示。

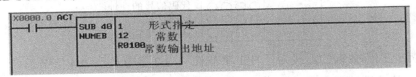

图 4-13　二进制常数赋值 NUMEB 指令举例

数据长度：指令二进制数据长度在(1、2、4 字节)。

常数：用十进制指定常数。

常数输出地址：定义二进制常数赋值输出的首地址。

8. 信息显示 DISPB

DISPB SUB 41 信息显示的例子如图 4-14 所示。

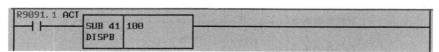

图 4-14 信息显示 DISPB 指令举例

在 CNC 界面中，显示在 PMC 信息界面登录的文字信息，如图 4-15 所示。

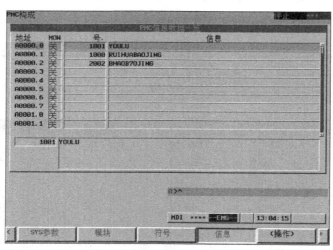

图 4-15 PMC 信息界面

9. 二进制译码 DECB

DECB SUB 25：

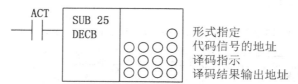

形式指定：代码数据的形式为　　1:1 字节长　　2:2 字节长　　4:4 字节长

代码信号的地址：指定进行译码的数据的起始地址。

译码指示：由译码指示指定号的译码结果被输出到位 0，号+1 的译码结果被输到位 1，号+7 的译码结果被输到位 7。

	#7	#6	#5	#4	#3	#2	#1	#0
译码结果输出	+7	+6	+5	+4	+3	+2	+1	+0

应用举例：

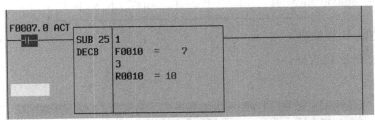

F007.0 接通后，对 F0010 ～ F0013 的 4 字节进行译码，当译出结果在 3~10 的范围内时，与 R0010 对应的位变为 "1"。

二进制译码 DECB 应用举例如图 4-16 所示。

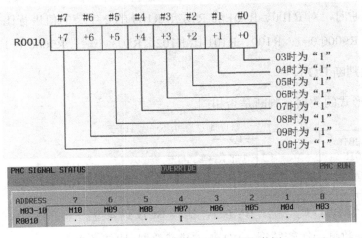

图 4-16　二进制译码 DECB 应用举例

10．二进制大小比较 COMPB

对 1、2、4 字节的二进制形式数据进行比较。

比较结果输出到运算输出寄存器(R9000)。

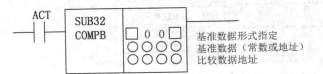

基准数据指定：

1:1字节 2:2字节 4:4字节

0:输入数据是常数

1:输入数据用地址进行指定

比较输出寄存器：

	#7	#6	#5	#4	#3	#2	#1	#0
R9000						N	Z	

Z：基准数据=比较数据。

N：基准数据<比较数据。

应用举例：

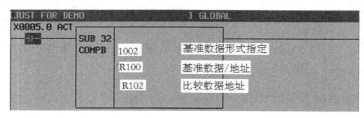

X0005.0 接通时，对 R100、R101 和 R102、R103 的 2 字节的值进行比较。

值一致时，R9000.0=1；R100、R101 比 R102、R103 小时，R9000.1=1。

11. 一致性判断 COIN

比较 BCD 形式的数据，判断是否相同。

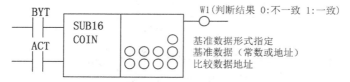

W1(判断结果 0:不一致 1:一致)

基准数据形式指定
基准数据（常数或地址）
比较数据地址

BYT=0：比较 BCD 码 2 位。BYT=1：比较 BCD 码 4 位。

W1=0：基准数据≠比较数据。W1=1：基准数据=比较数据。

基准数据形式设定　0：基准数据为常数。1：基准数据为指定地址。

应用举例：

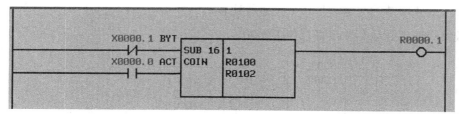

X000.0 接通时，比较 R100 和 R102 的值，R100=R102 时，R000.1 即接通。

12. 数据变换 DCNV

把 1 或 2 字节的数据从二进制码变换成 BCD 码，或从 BCD 码变换成二进制码：

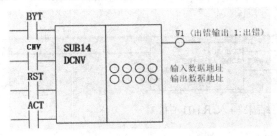

BYT=0：变换 1 字节的数据。BYT =1：变换 2 字节的数据。

CNV=0：从二进制代码变换成 BCD 码。CNV=1：从 BCD 码变换成二进制码。

RST=1：把出错输出 W1 复位。

ACT=1：执行数据变换命令。

W1=1：输入数据应为 BCD 码的地方，如果已是二进制码，或从二进制码变换成 BCD 码时超过指定字节长，即进行出错报警。

应用举例：

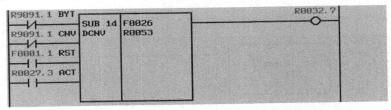

当 R27.3 有效时，执行数据变换命令，将 F26 中的数据由二进制形式变换为 BCD 码保存于 R53 存储单元中。

13. 二进制加 ADDB

进行 1、2、4 字节长的二进制形式的加法运算：

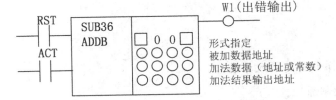

RST=1：断开出错输出 W1。

ACT=1：执行 ADDB 命令。

W1=1：加法结果超出用形式指定的字节数时，即接通。

形式指定：

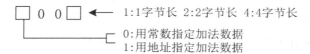

应用举例：

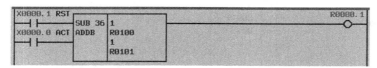

由 R100 加上 1，结果写入 R101 中。

14. 二进制减 SUBB

进行 1、2、4 字节长的二进制形式的减法运算：

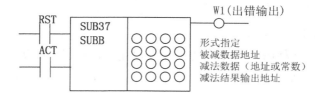

提示：控制参数参看 ADDB 命令。

应用举例：

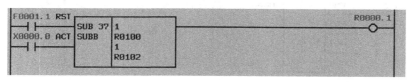

由 R100 减去 1，结果写入 R102：

R100 [5] 时，为R102 [4]

任务三　案例分析：PMC 应用举例

【任务要求】

1. 掌握 PMC 梯形图的输入方法。

2. 掌握急停控制原理。

【相关知识】

急停控制回路一般由两部分构成，一部分是 PMC 急停控制信号 X8.4，该信号输入地址为系统固定信号地址，外部急停输入信号必须接到该地址端子上；另外一部分是伺服放大器βiSVM 的 CX30 上的急停端子，这两部分中，任意一个触点断开，都出现报警。急停端子断开出现 SV401 报警，急停输入信号 X8.4 断开出现 ESP 报警。当按下急停按钮 SB0时，中间继电器 KA1 失电，KA1 动合触点断开，输入信号 X8.4 为 0，出现 ESP 报警。

一、CK6140 数控车床急停硬件的接线

CK6140 数控车床数控实训装置的急停控制接线如图 4-17 所示。

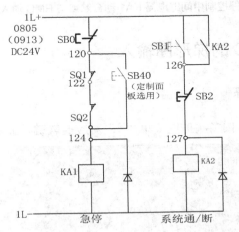

图 4-17 急停控制接线图

急停控制中间继电器 KA1 动合触点与伺服放大器 SVM 的接线如图 4-18 所示。

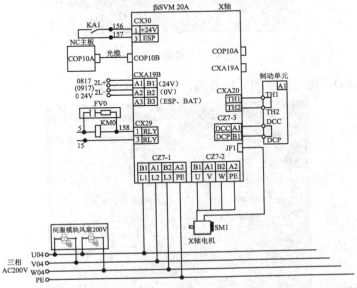

图 4-18 急停控制中间继电器 KA1 动合触点与伺服放大器 SVM 的接线图

急停控制中间继电器 KA1 动合触点与 PMC 输入信号的接线如图 4-19 所示。

图 4-19　急停控制中间继电器 KA1 动合触点与 PMC 输入信号的接线图

二、急停功能 PMC 的梯形图输入

(一) 梯形图的显示

按功能键 SYSTEM，按多次扩展菜单 "+" 对应的软键，显示如图 4-20 所示的界面。

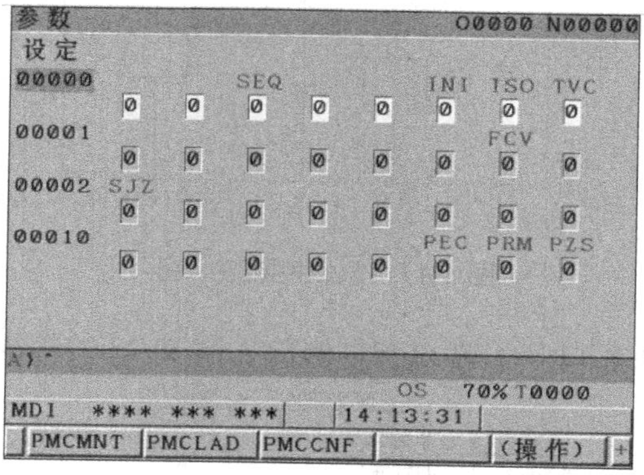

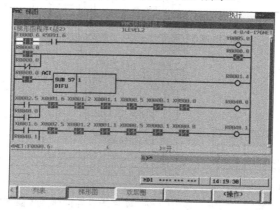

图 4-20　参数设定界面

按下 PMCLAD，进入梯形图处理界面，如图 4-21 所示。

图 4-21　梯形图处理界面

(二) 状态的监控和急停功能的确认

在梯形图显示界面可监控机床 PMC 程序的工作状态。如急停按钮按下时，急停输入信号 X8.4 为 0，梯形图中 X8.4 的常开触点打开，线圈 G8.4 失电，PMC 向 CNC 的输出信号 G8.4 为 0，显示 ESP 报警，这时机床处于急停状态，显示如图 4-22 所示的急停界面。

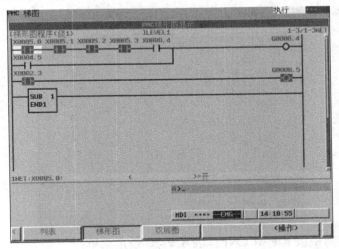

图 4-22　急停梯形图界面

急停按钮 SB0 恢复闭合时，中间继电器 KA1 得电吸合，急停输入信号 X8.4 为 1，梯形图中 X8.4 的常开触点闭合，线圈 G8.4 得电，G8.4 为 1，ESP 报警解除。显示的界面如图 4-23 所示。

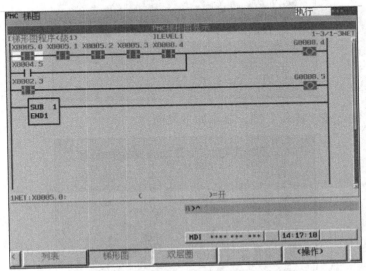

图 4-23　急停报警解除后的梯形图界面

(三) 急停程序的编辑

了解梯形图的编辑方法, 将现有程序的梯形图删除, 验证急停功能失效后, 再重新输入急停梯形图, 并验证急停功能有效。系统在默认状态下, 不允许使用梯形图编辑功能, 需在"PMC设定"界面中开通PMC编辑功能后, 才可以对梯形图进行编辑。

首先看"诊断"界面:

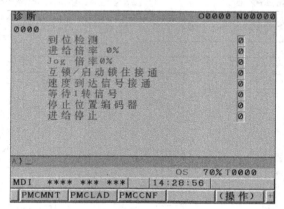

在"诊断"界面中按下PMCCNF, 进入PMC设定菜单:

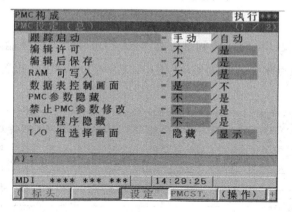

按"设定"键, 按"操作"键, 显示如下界面:

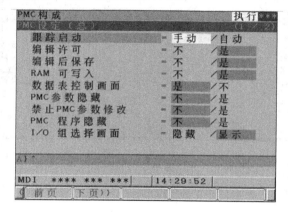

按"下页"键，显示如下界面：

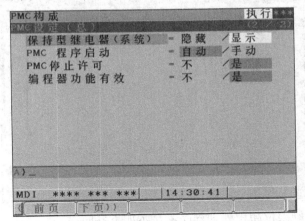

移动光标，选择如上两图所示的选项，PMC 编辑功能打开。

进入 PMCLAD 界面：

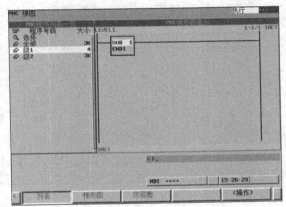

按"操作"键和"缩放"键，显示如下界面：

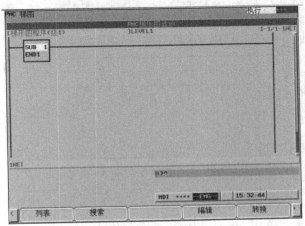

按"编辑"键和"产生"键，显示如下界面：

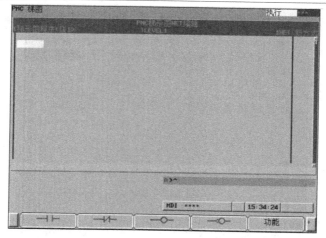

编写 X 轴、Z 轴硬限位超程处理程序，显示如下界面：

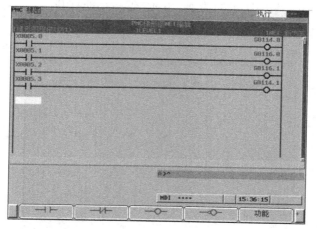

按"结束"键结束程序编辑。继续按"结束"键，显示如下界面：

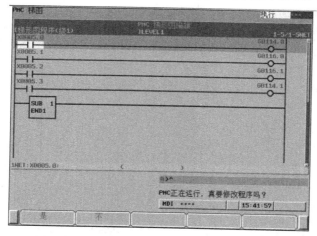

系统提示：是否需要停止 PMC 程序，并进行修改。选择"是"，修改程序。系统提示是否需要将修改后的程序写入 Flash ROM 中，显示如下界面：

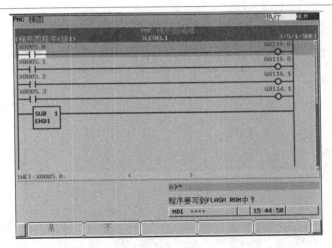

选择"是"，将修改后的程序写入 Flash ROM。

重新运行 PMC 程序，此时，由于程序中没有给 G8.4 赋值，G8.4 一直为 0，无论急停开关处于何种状态，系统一直处于急停。显示的界面如下：

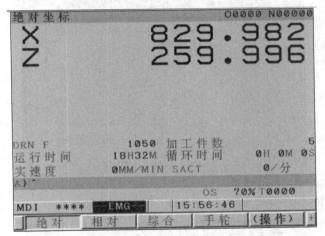

重新进入 PMC 编辑界面，将光标移到 END1 程序段中。显示如下界面：

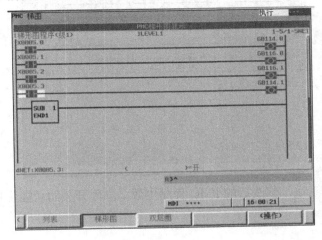

按"操作"、"编辑"键，再按"缩放"键，显示如下界面：

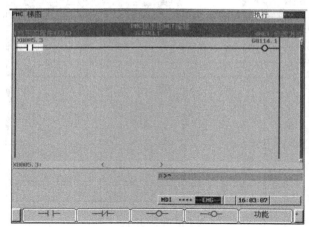

输入 G8.4 急停程序段。显示如下界面：

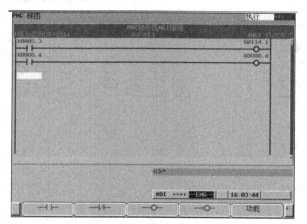

将修改后的 PMC 程序保存到 Flash ROM。显示如下界面：

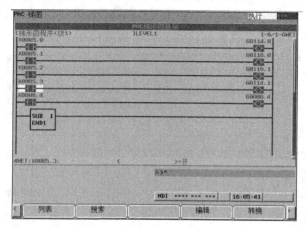

重新启动 CNC 系统，修改后的 PMC 程序生效，急停开关的功能生效。

【项目训练】

1. 训练目的

(1) 掌握 PMC 程序的监控与编辑方法。

(2) 掌握常用 PMC 信号的地址与顺序程序。

(3) 掌握常用 PMC 功能指令的使用。

2. 训练项目

PMC 定时器和计数器的使用。

(1) 控制要求：在 CK6140 数控车床模拟实训装置上，按下启动按钮 SB10，指示灯 HL10 以 1Hz 的频率连续闪 10 次，然后以 0.5Hz 的频率再连续闪 5 次，停止。

(2) 画出 PMC 外部接线图及编写 PMC 程序。

(3) 在数控装置上，输入 PMC 程序，并模拟运行。

(4) CK6140 数控车床实训装置的外部输入、输出信号接线如图 4-24 所示。

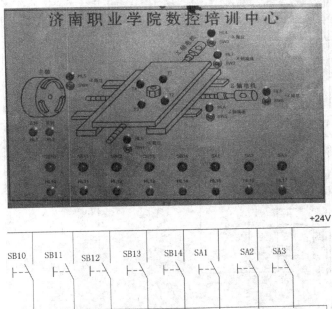

图 4-24　CK6140 数控车床实训装置的外部输入、输出信号接线

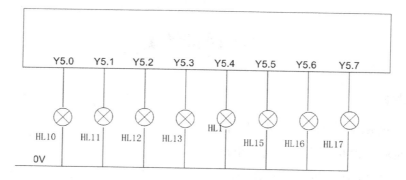

图 4-24 （续）

PMC 程序如下：

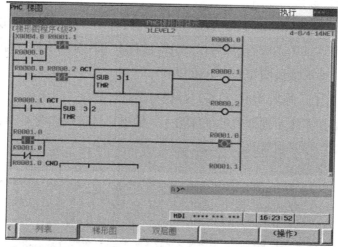

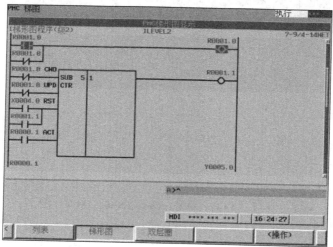

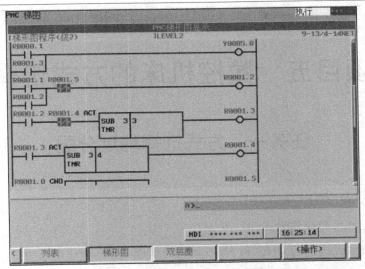

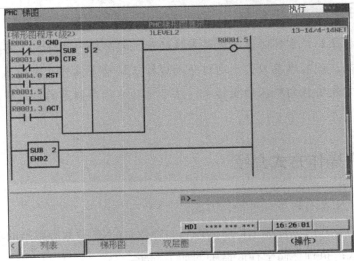

项目五 数控机床的方式选择

任务一 方式选择地址分配

【任务要求】

1. 掌握数控机床的操作方式。

2. 掌握有关方式选择的 CNC 和 PMC 之间的信号。

【相关知识】

在操作数控机床加工零件时,首先将零件的加工程序输入到 CNC 存储器内,根据需要进行编辑、修改。然后准备刀具,通过手动进给及转动手摇脉冲发生器,自动测出刀具参数。开机后,首先要找到机床的坐标系,然后自动运行存储器的加工程序,加工出合格的零件。

一、数控机床操作方式介绍

通常,数控机床都有以下几种操作方式。

(1) 程序编辑方式:进行加工程序的编辑、修改,CNC 参数等数据的输入、输出。

(2) 自动方式:执行存储于存储器中的加工程序。

(3) MDI 方式:用 MDI 面板输入加工程序段,并直接运行该程序,运行结束后,输入的加工程序即被清除。

(4) 手动连续进给方式:按手动进给按键时,进给轴按指定的方向移动。

(5) 手轮进给方式:选择好进给轴后,转动手摇脉冲发生器使轴移动。

(6) 回参考点方式:用手动操作,让每个进给轴回到机床确定的基准点。

(7) 远程运行方式:在该方式下,可以一边从 RS-232C 接口或 CF 卡接口中读取加工程序,一边进行机械加工。

二、数控机床方式选择的地址

方式选择信号由 MD1、MD2、MD4、DNC、ZRN 编码信号组合而成。可以实现程序编辑(EDIT)、自动运行(MEM)、手动数据输入(MDI)、手轮进给(HND)、手动连续进给(JOG)、远程运行(RMT)、手动返回参考点(REF)。

(1) PMC 输出到 CNC 的信号。

操作方式切换，通过 CNC 输入信号地址 G43 中 MD1、MD2、MD4、DNC、ZRN 各位的状态变换实现。CNC 输入信号 G43 的字节见表 5-1。

表 5-1　CNC 输入信号 G43 的字节内容

地　址	#7	#6	#5	#4	#3	#2	#1	#0
G43	ZRN		DNC			MD4	MD2	MD1
	返参考点		DNC			方式切换信号		

方式选择 CNC G43 输入信号见表 5-2。

表 5-2　方式选择 G43 输入信号

运行方式	状态显示	ZRN	DNCI	MD4	MD2	MD1
程序编辑	EDIT	—	—	0	1	1
存储器运行	MEM	—	0	0	0	1
远程运行	RMT	—	1	0	0	1
手动数据输入	MDI	—	—	0	0	0
手轮进给	HND	—	—	1	0	0
手动连续进给	JOG	0	—	1	0	1
手动返回参考点	REF	1	—	1	0	1

(2) PMC 来自 CNC 的输入信号。

当 CNC 选择了某种操作方式时，CNC 向 PMC 输入方式选择确认信号。MEDT 为编辑方式、MMEM 为自动方式、MRMT 远程方式、MMDI 为手动数据输入方式、MJ 为手动连续进给方式、MH 为手轮方式、MREF 为手动回参考点方式。信号地址见表 5-3。

表 5-3　方式选择确认信号的地址

地址		#7	#6	#5	#4	#3	#2	#1	#0
地址	F0003		MEDT	MMEM	MRMT	MMDI	MJ	MH	MINC
地址	F0004			MREF					

任务二　案例分析：方式选择 PMC 编程

【任务要求】

1. 掌握常用方式选择 PMC 程序。

2. 掌握方式选择 PMC 信号。

【相关知识】

对于数控机床的常见硬件结构，常规的操作方式选择可以分为按键式切换和旋转式波段开关切换方式。操作方式选择开关安装在机床操作面板上。机床操作面板分为标准式FANUC 操作面板及用户根据机床的实际功能开发的操作面板。

一、机床与 PMC 之间的信号

在 CK6140 数控车床实训装置中，机床操作面板采用国产三森公司生产的 CNC-0iMA面板。操作方式采用按键式切换方式。面板的正面如图 5-1 所示。

图 5-1　CNC-0iMA 面板的正面

操作方式由 7 个按键组成，分别为编辑、MDI、自动、手动、X 轴手轮、Z 轴手轮及返参考点键。所对应的机床向 PMC 的输入信号为编辑(X2.5)、MDI(X1.6)、自动(X1.2)、手动(X1.1)、X 轴手轮(X0.5)、Z 轴手轮(X0.0)、返参考点(X0.1)。在每个按键的左上方都有一个指示灯，当指示灯亮时，指示当前 CNC 工作在该方式下。PMC 向机床输出的信号为编辑(Y1.6)、MDI(Y1.4)、自动(Y1.2)、手动(Y0.6)、X 轴手轮(Y0.2)、Z 轴手轮(Y7.0)及返参考点(Y0.5)。

操作面板的输入/输出信号接线如图 5-2 所示。

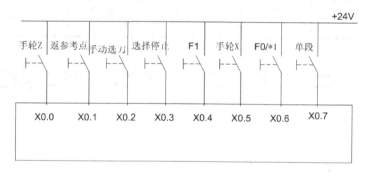

图 5-2　操作面板的输入/输出信号接线

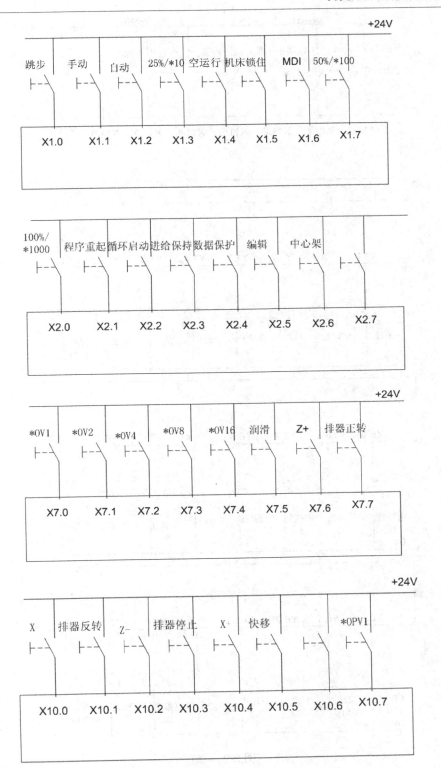

图 5-2 （续）

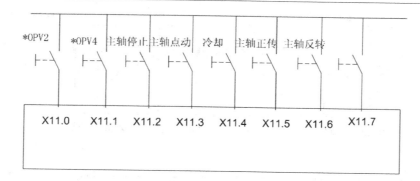

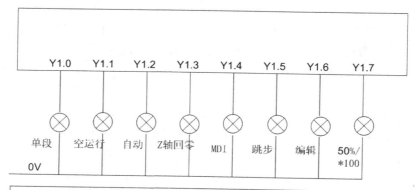

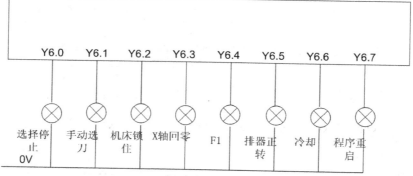

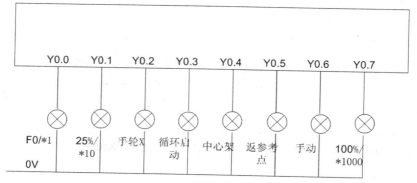

图 5-2 (续)

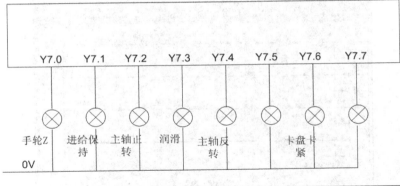

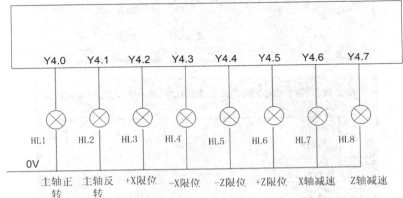

图 5-2 （续）

二、方式选择 PMC 程序

具体的方式选择 PMC 程序如下：

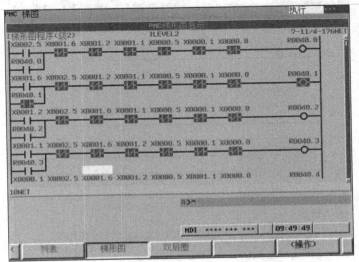

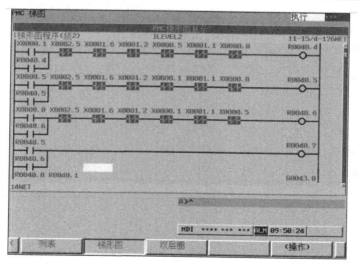

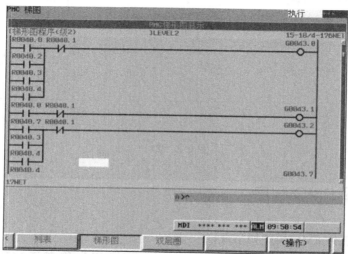

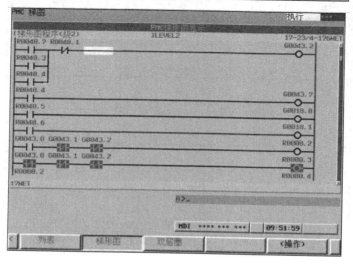

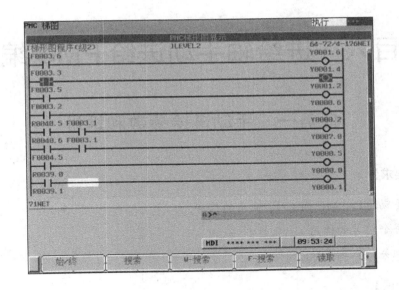

【项目训练】

1. 训练目的

(1) 熟悉方式选择 PMC 的编程方法。

(2) 熟悉用 MDI 键盘输入梯形图的方法。

(3) 掌握机床、PMC 及 CNC 三者的信号关系。

2. 训练项目

(1) 查找实训设备操作方式输入地址。查找并记录现场设备在手动数据输入运行、自动方式运行、编辑方式运行、手轮进给运行、手动连续进给运行、手动返参考点运行等工作方式的输入信号，并填入表格。

(2) 设计操作方式选择 PMC 程序，并将程序输入到 CNC 存储器中。

(3) 运行 PMC 程序，看结果是否正确。

项目六　进给轴手动进给 PMC 编程

任务一　手动进给参数和地址

【任务要求】

1. 掌握手动进给 PMC 向 CNC 输出的信号。
2. 理解每个信号的作用。
3. 掌握相关的机床参数。

【相关知识】

数控机床在手动连续进给方式下，按住机床操作面板上的轴进给方向键，机床将会使所选的坐标轴沿着所选的方向连续移动。一般情况下，手动连续进给在同一时刻仅允许一个轴移动。但也可以三个轴同时移动。

一、手动进给相关参数的选择

（一）手动进给速度

手动进给速度由参数 1423 来定义，使用手动进给速度倍率开关，可调整进给速度。同时，按下手动快速移动键后，机床以手动快速进给速度移动，此时，与手动进给倍率开关信号无关，手动快速进给速度由参数 1424 设定。设定进给速度如表 6-1 所示。

表 6-1　进给速度的设定

快速进给	基准速度	倍率信号(%)	
0	参数 1423	手动进给倍率(JV)	(0~655.34%)
1	参数 1420、1424	快速进给倍率(ROV)	(100%、50%、25%、F0)

（二）手动快速移动

手动快速移动在参考点未确立之前是否有效，取决于参数 1401 的第 0 位设定。设定为零时，参考点未确立时，手动快速移动无效；参数 1401 为 1 时，参考点未确立时，设定快速移动有效，如表 6-2 所示。

表 6-2　设定快速移动有效

参数		#7	#6	#5	#4	#3	#2	#1	#0
参数	1401								RPD

(三) 同时移动的轴数

参数 1002 的第 0 位定义手动连续进给时同时进给的轴数，第 0 位设定为 0 时，手动连续进给时只能一个轴移动；第 0 位设定为 1 时，可同时三轴连续移动，如表 6-3 所示。

表 6-3　同时移动的轴数设定

参数		#7	#6	#5	#4	#3	#2	#1	#0
参数	1002								JAX

(四) 互锁信号参数

使用互锁信号时，可以禁止轴的移动。在自动换刀装置(ATC)和自动托盘交换装置(APC)等动作的过程中，可以使用该信号禁止轴的移动。参数 3003 设定互锁信号是否有效。参数 3003 的第 0 位为 0 时，各轴互锁信号有效；第 0 位为 1 时，各轴互锁信号无效。第 2 位为 0 时，所有轴的互锁信号有效；第 2 位为 1 时，所有轴的互锁信号无效，如表 6-4 所示。

表 6-4　互锁信号参数的设定

参数		#7	#6	#5	#4	#3	#2	#1	#0
参数	3003						ITX		ITL

二、手动方式 PMC 向 CNC 输出的信号地址

(一) 手动进给轴信号

手动连续进给轴选择及进给方向选择信号+J1 ～ +J8，-J1 ～ -J8，其中+、-表示进给方向，J 后面的数字表示控制轴号。手动连续进给方式下，信号为 1 时，该轴沿指定的方向移动。进给轴信号如表 6-5 所示。

表 6-5　进给轴信号的设定

地址		#7	#6	#5	#4	#3	#2	#1	#0
地址	G0100	+J8	+J7	+J6	+J5	+J4	+J3	+J2	+J1
地址	G0102	-J8	-J7	-J6	-J5	-J4	-J3	-J2	-J1

（二）手动进给倍率信号

手动进给倍率信号 G10、G11 可调整手动连续进给时轴的移动速度，如表 6-6 所示。

表 6-6 手动进给倍率信号

	#7	#6	#5	#4	#3	#2	#1	#0
地址 G0010	*JV7	*JV6	*JV5	*JV4	*JV3	*JV2	*JV1	*JV0
地址 G0011	*JV15	*JV14	*JV13	*JV12	*JV11	*JV10	*JV9	*JV8

（三）手动快速移动信号

手动连续进给时，按下快速键使信号 G19.7 为 1，进给轴以手动快速设定的速度移动。信号如表 6-7 所示。

表 6-7 手动快速移动信号

地址		#7	#6	#5	#4	#3	#2	#1	#0
地址	G0019	RT							

（四）手动快速倍率信号

在手动快速移动时，速度以 ROV1、ROV2 两位组合的倍率移动。F0 速度由参数 1421 设定。信号如表 6-8 所示。

表 6-8 手动快速倍率信号

地址		#7	#6	#5	#4	#3	#2	#1	#0
地址	G0014							ROV2	ROV1

ROV2	ROV1	倍率值
0	0	100%
0	1	50%
1	0	25%
1	1	F0(参数由 1421 设定)

（五）轴互锁信号

有两种互锁信号，所有轴的互锁信号*IT 和各个轴的互锁信号*ITx，如表 6-9 所示。

表 6-9 轴互锁信号

信号名称		信号地址	禁止移动轴
*IT	所有轴的互锁信号	G0008.0	全部轴
*ITx	各个轴的互锁信号	G0130	各个轴

任务二　手轮进给参数和地址

【任务要求】

1. 掌握手轮进给方式下 PMC 和 CNC 之间的信号。

2. 掌握手轮参数。

【相关知识】

数控机床在手轮方式下，通过转动手轮使选择的轴移动。数控机床各个进给轴可以共用一个手轮，也可以各个进给轴各用独立的手轮，但每台数控机床最多安装三个手轮。一般在加工中，进行对刀和测量时，操作者要使用手轮。

一、手轮进给相关参数的选择

(一) 手轮选择

参数 8131 的第 0 位用来设置机床是否使用手轮。第 0 位是 1 时，机床使用手轮；第 0 位是 0 时，机床不使用手轮。参数如表 6-10 所示。

表 6-10　手轮选择参数

参 数 号	参 数 名	参 数 含 义	初 始 值	设 定 值
8131#0	HPG	手轮进给是否使用(1：使用)	0	1

(二) 手轮进给倍率

手轮进给倍率可选择 4 种速度，分别为乘 1、乘 10、乘 m 和乘 n。m 和 n 的倍数由参数确定。手轮的参数如表 6-11 所示。

表 6-11　手轮进给倍率选择参数

参数	7113	手轮进给倍率 m
参数	7114	手轮进给倍率 n

二、手轮进给相关信号的地址

(一) 轴选择信号

机床可以安装三个手轮，每个手轮轴选择信号的编码由 PMC 编程输出到 CNC 的

G18、G19 信号地址内。信号如表 6-12 所示。G18.0 ~ G18.3 控制第一台手轮，G18.4 ~ G18.7 控制第二台手轮，G19.0 ~ G19.3 控制第三台手轮。

表 6-12　三个手轮的选择信号

地址		#7	#6	#5	#4	#3	#2	#1	#0
地址	G0018	HS2D	HS2C	HS2B	HS2A	HS1D	HS1C	HS1B	HS1A
地址	G0019					HS3D	HS3C	HS3B	HS3A

HSnD	HSnC	HSnB	HSnA	对应控制轴
0	0	0	0	没有选择
0	0	0	1	第 1 轴
0	0	1	0	第 2 轴
0	0	1	1	第 3 轴
0	1	0	0	第 4 轴
…	…	…	…	…

(二) 手轮倍率信号

手轮倍率信号由 CNC 输入信号地址 G19 的第 4 位和第 5 位确定，有 4 种不同的组合，如表 6-13 所示。

表 6-13　手轮倍率选择信号

地址		#7	#6	#5	#4	#3	#2	#1	#0
地址	G0019			MP2	MP1				
地址	G0087				MP32	MP31		MP22	MP21

MP1	MP2	倍率
0	0	×1
0	1	×10
1	0	×m
1	1	×n

任务三　案例分析：手动进给 PMC 编程

【任务要求】

1. 掌握手动进给 PMC 程序。

2. 掌握手轮进给 PMC 程序。

【相关知识】

在使用数控机床的过程中，更换零件、刀具，测量及维护保养机床时，都需要手动操作机床的各个进给轴。在机床操作面板上，每个轴都有正、负方向的手动进给键。另外，在对刀等操作中，需随时控制进给轴的速度及移动量，所以机床需带有手轮功能。

一、机床与 PMC 之间的输入、输出信号

(一) 仿真面板

CK6140 数控车床实训装置带有一块机床输入、输出操作面板，面板上安装有按钮、置位开关、X 轴和 Z 轴的限位开关、参考点减速开关及指示灯等仿真元件。

仿真面板如图 6-1 所示。

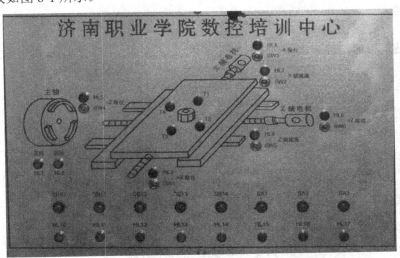

图 6-1　CK6140 数控车床实训装置的仿真面板

机床输入到 PMC 的所有轴互锁信号 SA1 接 X4.5，X 轴的互锁信号接 X4.6，Z 轴的互锁信号接 X4.7。

(二) 机床操作面板

机床操作面板参见前面介绍的图 5-1。输入、输出信号接线参见前面介绍的图 5-2。手轮 Z 轴选择键接 X0.0，手轮 X 轴选择键接 X0.5，手轮倍率选择乘 1 键接 X0.6，乘 10 键接 X1.3，乘 100 键接 X1.7，乘 1000 键接 X12.0，X 轴正向进给键接 X10.4，X 轴负向进给键接 X10.0，Z 轴正向进给键接 X7.6，Z 轴负向进给键接 X10.2，手动快速进给键接 X10.5。

二、手动进给 PMC 程序

(1) X 轴坐标值锁住界面如图 6-2 所示。

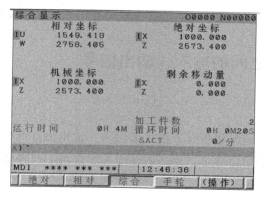

图 6-2　X 轴坐标值锁住界面

(2) Z 轴坐标值锁住界面如图 6-3 所示。

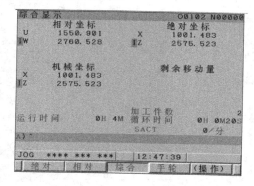

图 6-3　Z 轴坐标值锁住界面

(3) 所有轴坐标值锁住界面如图 6-4 所示。

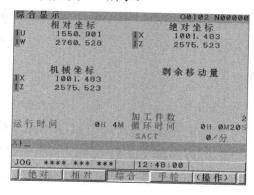

图 6-4　所有轴坐标值锁住界面

(4) 手动及手轮方式的 PMC 程序如下：

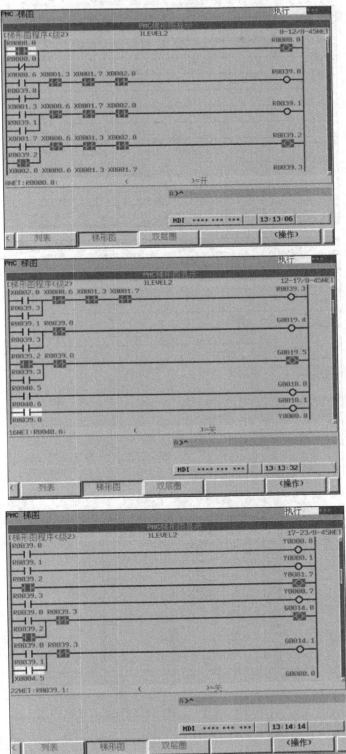

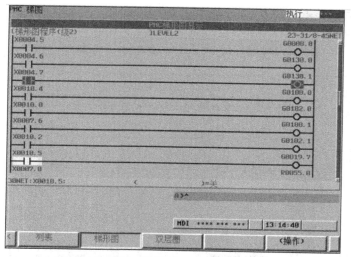

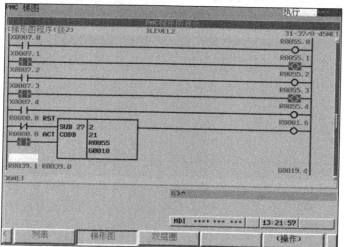

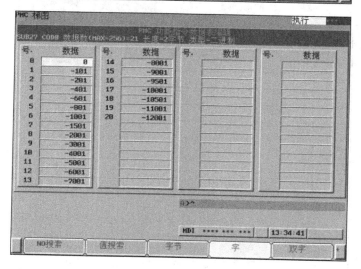

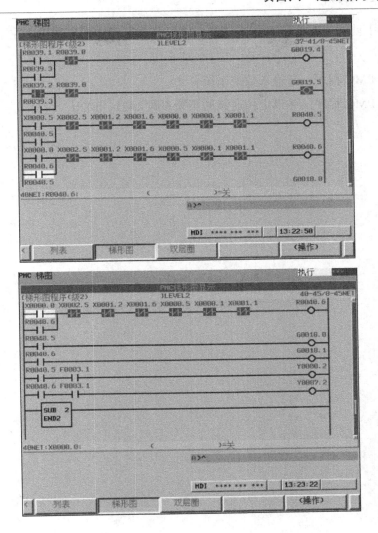

【项目训练】

1. 训练目的

(1) 掌握手动连续进给、手动快速进给、手轮进给的 PMC 程序设计。

(2) 掌握手动进给倍率 PMC 程序设计。

2. 训练项目：手动快速运行

(1) 将操作方式置于手动模式，选择 X、Z 中的任意一轴，再同时按下"快速进给"键和轴方向键"+"、"−"，对应进给轴正、负方向快速移动。

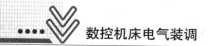

（2）选择手动快速进给倍率 F0、F25、F50、F100 键中的任意键，左上角指示灯亮的键被选中。

（3）设计 PMC 程序，并输入数控系统。

（4）调试 PMC 程序，并设定快速移动相关参数 1421、1420、1424。

项目七　参考点的确认

任务一　使用挡块返回参考点

【任务要求】

1. 熟悉如何使用挡块返回参考点的相关参数。
2. 掌握返参考点的信号。
3. 掌握返回参考点的步骤。

【相关知识】

在数控机床上需要对刀具运动轨迹的数值进行准确控制，所以要对数控机床建立坐标系。机床返回参考点功能是数控机床建立机床坐标系的必要手段，参考点可以设置在机床坐标行程内的任意位置。返回参考点，主要包括"有挡块参考点的返回"和"无挡块参考点的返回"两种方法。有挡块返回参考点方式采用增量式脉冲编码器。增量式脉冲编码器检测接通电源后轴的移动量。CNC 电源断开后，各轴的坐标位置丢失，因此机床接通电源后，首先各轴进行返回参考点的操作，机床重新建立坐标系。

一、有挡块方式返回参考点的相关参数

(一) 设定参考点使用挡块

参数 1005 的第 1 位：第 1 位为 0 时，各轴返回参考点使用挡块方式，为 1 时各轴返回参考点不使用挡块方式。对于有挡块返回参考点方式，应设定为 0。

参数	#7	#6	#5	#4	#3	#2	#1	#0
1005							DLZ	

(二) 设定返回参考点的方向

参数 1006 的第 5 位：第 5 位为 0 时返回参考点方向为正，为 1 时返回参考点方向为负。一般设定为 0，各轴以正方向返回参考点。

参数	#7	#6	#5	#4	#3	#2	#1	#0
1006			ZMI				DLZ	

(三) 编码器类型的设定

参数 1815 的第 5 位：第 5 位为 0 时使用增量式编码器，第 5 位为 1 时使用绝对值式编码器。

参数	#7	#6	#5	#4	#3	#2	#1	#0
1815			APC	APZ				

(四) 快速移动速度

返回参考点时，轴以快速进给速度移动，进给速度的速度参数为 1428，当参数 1428 设定为 0 时，以参数 1420 设定的速度快速移动。

(五) 返回参考点减速参数

参数 1425 设定返回参考点的 FL 速度。返回参考点减速信号输入后，轴以参数 1425 设定的低速移动。

(六) 参考点完成时的机床坐标

使用参数，可以设定回参考点完成时预置的机床坐标值。参数 1240 设定各轴第 1 参考点的机床坐标值，1241 设定第 2 参考点的机床坐标值，1243 设定第 3 参考点的机床坐标值。

(七) 参考点偏移参数

在 CNC 检测到零脉冲后，继续移动一定的距离，又称为栅格偏移。栅格偏移的设定参数是 1850，其设置范围只能在电动机一转移动量内设定，位置偏移的方向与返回参考点方向相同。

二、有挡块方式返回参考点的相关信号

(1) CNC 方式选择在返回参考点方式时，方式确认信号 F4.5 为 1，手动进给倍率开关 G10.0 ~ G11.7 不全为 0 或全为 1，输入轴方向选择 G100.0 ~ G100.2、G102.0 ~ G10.3。

(2) 减速信号：

地址	#7	#6	#5	#4	#3	#2	#1	#0
X9	*DEC8	*DEC7	*DEC6	*DEC5	*DEC4	*DEC3	*DEC2	*DEC1

这个信号是设置在参考点之前的机床外部减速开关发出的信号,每个进给轴都放置固定位置的减速开关,在返回参考点时,挡块压上此减速挡块后,轴以参数 1425 设定的速度进给。该信号有系统固定的 PMC 输入地址,第一轴减速开关接 X9.0,第二轴减速开关接 X9.1,第三轴接 X9.2 等。该信号的状态由 CNC 直接读取,无需 PMC 编程处理。该信号低电平有效。

(3)　参考点返回完成信号。

手动返回参考点或自动返回参考点完成后,返回参考点完成信号(ZPx)变为 1。第一轴完成信号为 F94.0,第二轴完成信号为 F94.1,第三轴完成信号为 F94.2,依此类推。进给轴离开参考点,或者按急停按钮等,返回参考点完成信号变为 0,即使手动进给或手轮进给时机床移动到参考点,返回参考点完成信号也一直为 0。

地址	#7	#6	#5	#4	#3	#2	#1	#0
F94	ZP8	ZP7	ZP6	ZP5	ZP4	ZP3	ZP2	ZP1

(4)　参考点建立信号。

使用增量式编码器时,接通电源后,机床返回参考点后,该信号就变为 1,并且在切断电源前一直为 1。F120.0 为第一轴参考点已建立信号,依此类推。

地址	#7	#6	#5	#4	#3	#2	#1	#0
F120	ZRF8	ZRF7	ZRF6	ZRF5	ZRF4	ZRF3	ZRF2	ZRF1

三、有挡块方式返回参考点的操作步骤

使用挡块返回参考点的步骤如下。

(1)　选择手动连续进给方式,使机床离开参考点。

(2)　按机床操作面板方式选择的参考点键,选择返回参考点方式。

(3)　选择快速进给倍率键 100%。

(4)　按住机床操作面板上的轴方向进给键,发出返回参考点的轴及方向移动的指令,按照选择的轴向参考点方向以快速进给的速度移动,快速进给的速度由快速参数 1428 设定,进给方向由参数 1006 的第 5 位设定。

(5)　当参考点减速挡块被压下时,参考点减速信号(DECx)变为 0,轴以参数 1425 设定的 FL 速度移动。

(6)　离开减速挡块后,减速开关释放,返回参考点减速信号又变为 1,轴继续移动。

(7) CNC 检测脉冲编码器一转信号，CNC 接收到一转信号后，轴继续移动，进行参考点偏移计数，当到达参数 1850 设定的参考点偏移量时，坐标轴停止在栅格上，CNC 输出参考点到达信号。

使用挡块返回参考点的示意图如图 7-1 所示。

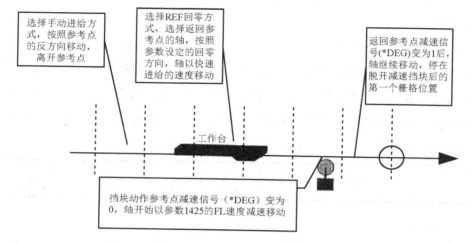

图 7-1　使用挡块返回参考点的示意图

任务二　无挡块返回参考点

【任务要求】

1. 熟悉无挡块返回参考点相关参数的设置。
2. 掌握使用无挡块返回参考点的方法和步骤。
3. 掌握相关的参数及信号的设置方法。

【相关知识】

无挡块返回参考点是一种不需要减速开关的手动返回参考点方式。在返回参考点时，无快速进给移动，而是直接以参考点减速速度寻找编码器最近的第 1 个零脉冲，并将其作为参考点。无减速挡块开关返回参考点方式的参考点位置不固定，将给机床坐标系、行程限位等参数的设定带来影响，因此，一般只用于配置绝对值编码器的数控机床。对于配置绝对值编码器的机床来说，绝对值编码器的位置数据可通过后备电池保存，参考点由机床生产厂家设定，用户在使用时，一般不需要进行返回参考点的操作，但在参考点丢失或编码器更换后，需重新返回参考点操作。

一、无挡块返回参考点的相关参数

(1) 无挡块设置参数：

参数	#7	#6	#5	#4	#3	#2	#1	#0
1005							DLZ	

参数 1005 的第 1 位设定为 1 时，返回参考点不使用挡块。

(2) 编码器设置参数：

参数	#7	#6	#5	#4	#3	#2	#1	#0
1815			APC	APZ				

参数 1815 的第 5 位为 1 时，使用绝对值编码器。第 4 位检测参考点是否已建立，当第 4 位为 0 时，绝对值编码器参考点未建立；为 1 时，绝对值编码器参考点已建立。

(3) 返回参考点方向的参数：

参数	#7	#6	#5	#4	#3	#2	#1	#0
1006			ZMI					

参数 1006 的第 5 位设定为 0 时，返回参考点方向为正向；为 1 时，返回参考点方向为负向。

(4) 速度参数的设置。

返回参考点时，速度的设定依据参数 1425 设定的 FL 速度。

(5) 栅格移动量参数。

使用参数的栅格偏移功能，可在 1 个栅格的范围内微调参考点位置。各轴栅格移动量参数为 1850。

二、无挡块返回参考点的相关信号

(1) CNC 方式选择在返回参考点方式，方式确认信号 F4.5 为 1，手动进给倍率开关 G10.0 ~ G11.7 不全为 0 或全为 1；输入轴方向选择 G100.0 ~ G100.2、G102.0 ~ G10.3。

(2) 参考点返回完成信号。

手动返回参考点或自动返回参考点完成后，返回参考点完成信号(ZPx)变为 1。第一轴完成信号为 F94.0，第二轴完成信号为 F94.1，第三轴完成信号为 F94.2，依此类推。进给轴离开参考点，或者按急停按钮等，返回参考点完成信号变为 0，即使手动进给或手轮进给时机床移动到参考点，返回参考点完成信号也一直为 0。

(3) 参考点确认信号：

地址	#7	#6	#5	#4	#3	#2	#1	#0
F120	ZRF8	ZRF7	ZRF6	ZRF5	ZRF4	ZRF3	ZRF2	ZRF1

使用绝对值编码器时，建立参考点后，参数 1815 的第 4 位变为 1 后，F120 对应的各轴自动变为 1。

三、无挡块返回参考点的步骤

(1) 用手动进给或手轮进给，使轴进给电动机移动一转以上。

(2) 切断电源，再接通电源。

(3) 按照设定的返回参考点方向手动移动机床。把轴移动到预定为参考点位置之前大约 1/2 栅格的距离。

(4) 按机床操作面板上的返回参考点方式选择键，选择返回参考点方式。

(5) 按轴方向键，轴以参数 1425 设定的速度沿返回参考点方向移动。

(6) CNC 检测脉冲编码器一转信号，CNC 接收到一转信号后，轴继续移动，进行参考点偏移计数，当到达参数 1850 设定的参考点偏移量时，坐标轴停止在栅格上，CNC 输出参考点到达信号，参数 1815 的第 4 位自动变为 1。

无挡块返回参考点的示意图如图 7-2 所示。

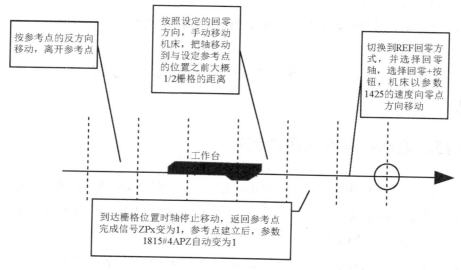

图 7-2　无挡块返回参考点的示意图

任务三　案例分析：有减速开关返回参考点 PMC 程序

【任务要求】

1. 掌握有减速开关参考点返回的 PMC 程序编制方法。
2. 掌握有关信号的使用方法。

【相关知识】

参考点是为了确定机床坐标系原点而设置的基准点，通过返回参考点操作，可使坐标轴移动到参考点并精确定位，CNC 便能以参考点为基准，确定机床坐标系的原点。编码器零脉冲返回参考点是机床普遍采用的一种参考点建立方法。编码器零脉冲返回参考点又可分为减速开关返回参考点和无减速开关返回参考点两种。

一、返回参考点相关的信号

（一）机床操作面板

CK6140 数控车床实训装置中，机床操作面板采用国产三森公司生产的 CNC-0iMA 面板。操作方式采用按键式切换方式。面板正面参见前面介绍的图 5-1。机床操作面板输入、输出信号接线参见前面介绍的图 5-2。返回参考点方式选择键接 X0.1，参考点方式确认指示灯接 Y0.5，X 轴参考点完成指示灯接 Y6.3，Z 轴参考点完成指示灯接 Y1.3。

（二）仿真面板

CK6140 数控车床实训装置带有一块机床输入、输出操作面板，面板上安装有按钮、置位开关、X 轴和 Z 轴的限位开关、参考点减速开关及指示灯等仿真元件。仿真面板参见前面介绍的图 6-1。X 轴减速开关 SW2 接 X9.0，Z 轴减速开关 SW5 接 X9.1。按下 X 轴减速开关时指示灯 HL7 接 Y4.6；按下 Z 轴减速开关时，指示灯 HL8 接 Y4.7。

二、手动返回参考点的 PMC 程序

选择手动返回参考点方式时，G43.0、G43.2、G43.7 为 1，参考点确认信号 CNC 到 PMC 的输入信号 F4.5 为 1，操作面板上的方式确认指示灯输出 Y0.5 为 1。X 轴返回参考点完成时 F94.0 为 1，X 轴参考点完成指示灯输出 Y6.3 为 1，Z 轴返回参考点完成时 F94.1 为 1，Z 轴参考点完成指示灯输出 Y1.3 为 1。按下 X 轴减速挡块开关时指示灯 HL7 亮，按下 Z 轴减速挡块开关时指示灯 HL8 亮。

手动返回参考点的 PMC 程序如下所示：

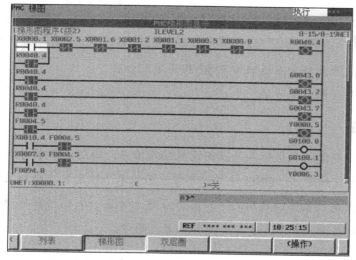

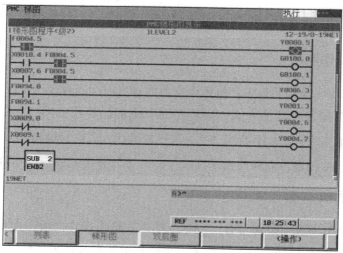

【项目训练】

1. 训练目的

(1) 掌握 PMC 程序编制方法。

(2) 掌握返回参考点的操作步骤。

2. 训练项目

(1) 将操作方式选择为返回参考点方式,再选择相应的进给轴及方向,则对应轴返回参考点,进给轴及方向键只需点动按下一次。

(2) 在进给轴返回参考点的移动过程中,参考点完成指示灯以 1s 周期闪烁,参考点完成之后,指示灯以 0.5s 周期闪烁。

(3) 设计 PMC 程序。

(4) 完成手动返回参考点的操作。

项目八　自动运行的调试

任务一　自动运行条件

【任务要求】

1. 掌握自动运行的基本内容。
2. 掌握自动运行的条件。

【相关知识】

坐标轴手动调试完成、建立参考点后，就可进行 CNC 自动运行的调试了。CNC 自动运行的前提是，操作方式选择自动或 MDI 方式，并输入相应的加工程序。

一、自动运行的基本内容

(1) 坐标轴的 MDI 方式运行。通过 MDI 方式运行，可验证坐标轴自动运行时的移动方向、速度、位移量，检查部分插补功能、程序控制功能的执行情况。

(2) 程序控制功能调试。通过在自动运行方式下运行加工程序，可对控制 CNC 加工程序运行的各种参数、控制信号的有效性进行试验，例如空运行、单段运行、机床锁住、选择跳段等功能。

(3) 主轴调试。采用模拟主轴的数控机床，CNC 只需输出主轴转速模拟电压，主轴电动机的正反转需要通过主轴变频器来实现，因此，主轴调试一般以 PMC 程序调试为主。在采用串行主轴控制的 CNC 上，CNC、PMC 与主轴驱动器之间的数据传送通过总线通信进行。

(4) 辅助功能调试。辅助功能调试是对机床使用的 M、T、B 等功能的调试。辅助功能包括机床除坐标轴以外的全部动作，例如，自动换刀、工作台交换、模拟主轴控制、冷却、润滑等。

二、自动运行的条件

(1) 伺服放大器无故障，伺服准备好信号 F0.6 为 1。

（2）CNC 无报警，报警信号 F1.0 为 0。

（3）CNC 系统无软、硬件故障，准备好信号 F1.7 为 1。

（4）机床已完成返回参考点操作。

（5）机床操作方式为 MDI 或自动方式。

（6）加工程序已通过 MDI 或编辑方式输入。

（7）无外部急停输入、无坐标轴互锁信号、机床坐标轴未超程、无进给保持输入、进给倍率开关设在 0 位置、外部无复位信号输入、机床未锁住。

任务二　自动运行的基本参数和信号

【任务要求】

1. 掌握自动运行的基本参数。

2. 了解相关的 CNC 信号。

【相关知识】

CNC 程序运行可通过 PMC 向 CNC 输出的控制信号，对机床起动、进给保持、自动运行停止、CNC 复位停止等进行控制，还可以通过机床操作面板上的辅助功能键进行机床锁住、空运行、单段执行、选择跳段、程序重启等操作。

（一）自动运行的起动

CNC 自动运行的前提是，操作方式选择 MDI 或自动方式之一，并需要输入相关的加工程序，CNC 选择了自动方式后，CNC 输出信号(OP)变为 1，F0.1 为 1。当自动运行基本条件满足、程序选定后，可按下操作面板上的循环起动按钮，在循环起动信号 ST 的下降沿，启动程序自动运行。

地址	#7	#6	#5	#4	#3	#2	#1	#0
G7						ST		

（二）进给保持

进给保持又称为进给暂停，这是一种中断当前的全部自动加工动作并保留现行信息的停止方式。自动运行时，按下操作面板上的进给暂停键，将自动运行暂停信号(*SP)置位 0，即进入自动运行暂停状态。

地址	#7	#6	#5	#4	#3	#2	#1	#0
G8			*SP					

(1) 执行只有辅助功能(M、S、T)的程序段时，把该信号置 0 后，自动运行指示灯灭，进给暂停指示灯亮。由 PMC 输出辅助功能完成信号(FIN)，并与单程序段一样，使程序停止。

(2) 在切削螺纹或攻丝循环中，此信号为 0 时，进给暂停指示灯立刻点亮，但机床继续进行加工。在加工结束回到起点后，停止轴的移动。

（三）自动运行停止

自动运行停止状态是一种自动执行完全部加工程序，并保留 CNC 状态信息的停止方式，它是由 CNC 自动生成的状态。CNC 进入自动运行停止状态时，CNC 输出的起动信号(STL) F0.5 和进给暂停信号(SPL) F0.4 均为 0，自动运行状态输出信号(OP) F0.7 保持为 1。

(1) 在选择单程序段执行指令时，当前程序段执行完成。单程序段的自动停止，可直接通过循环起动信号 ST 继续下一程序段的执行。

(2) MDI 方式运行时，完成了 MDI 输入程序段的执行。

（四）CNC 复位停止

CNC 复位停止状态是一种结束机床当前全部加工动作，并清除 CNC 状态信息的停止方式。CNC 进入复位状态后，CNC 输出的循环起动信号 STL、进给暂停信号*SPL、自动运行状态信号 OP 均为 0。

(1) 将 CNC 的急停输入信号(*ESP) G8.4 变为 0。

(2) CNC 外部复位信号(ERS) G8.7 变为 1。

(3) 按下机床 MDI 面板上的复位键(RESET)。

（五）单程序段信号(SBK)

(1) 当此信号(SBK) G47.1 为 1 时，当前自动运行的程序段结束时，自动运行指示灯 STL 灭，进入自动运行停止状态。进入自动运行停止状态后，输入自动运行起动信号 ST 时，执行下一个程序段。

地址	#7	#6	#5	#4	#3	#2	#1	#0
G47							SBK	

(2) 当系统处于螺纹切削时，单程序段运行不会停止。

（六）切削进给倍率

（1）自动运行时，切削进给速度值由 F 代码设定，进给轴可以在 0% ~ 254%倍率的范围内插补进给。

地址	#7	#6	#5	#4	#3	#2	#1	#0
G12	*FV7	*FV6	*FV5	*FV4	*FV3	*FV2	*FV1	*FV0

（2）参数 1430 设定最大进给切削速度。加工程序指令的切削进给速度，乘以切削进给倍率后，所得的数值超过此设定值时，将被钳制在该值上。

参数	1430	各轴切削进给最大速度(mm/min)

（七）机床锁住信号(MLK)

按下机床操作面板上的辅助功能机床锁住键，CNC 输入信号(MLK) G44.1 为 1，机床进入锁住状态。机床锁住是通过观察 CNC 位置显示的变化检查刀具运动轨迹的一种程序模拟方法。机床锁住时，显示屏虽然有坐标轴的位置变化，但机床不产生实际移动。

地址	#7	#6	#5	#4	#3	#2	#1	#0
G44							MLK	

（八）空运行信号(DRN)

空运行是利用空运行进给速度代替程序进给速度的运行方式，通过空运行控制进给速度，可加快切削程序段的移动速度，控制机床安全可靠地运行，这是一种最常见的程序检查运行方法。空运行只对自动操作运行方式有效。

（1）按下机床操作面板上的辅助功能空运行键，CNC 输入信号(DRN) G46.7 为 1。

地址	#7	#6	#5	#4	#3	#2	#1	#0
G46	DRN							

（2）当空运行信号 DRN 为 1 时，不使用程序指令的切削进给速度，而以参数 1410 设定的空运行速度乘以手动进给倍率(*JV0 ~ *JV15)所得的速度，控制进给轴移动。

参数	1410	空运行速度(mm/min)

（3）设定参数 1401 的第 6 位，确定快速移动进给速度 G00 是否使用空运行速度。第 6 位为 0 则快速移动不使用空运行速度，而是以参数 1420 确定的快速移动速度移动；第 6 位为 1 则快速移动速度为空运行速度乘以手动进给倍率后得到的速度。

参数	#7	#6	#5	#4	#3	#2	#1	#0
1401		RDR						

(九) 程序段跳过信号(BDT)

此信号(BDT) G44.0 为 1 时，不执行加工程序前面带"/"的程序段。在加工程序指令为"/N20G00X100.0;"时，把 BDT 信号置 1，即可跳过此程序段。

地址	#7	#6	#5	#4	#3	#2	#1	#0
G44								BDT

(十) 程序结束(DM30)及外部复位信号(ERS)

(1) 加工程序执行结束时，执行程序结束辅助代码 M30，这时，CNC 输出信号(DM30) F9.4 为 1。

地址	#7	#6	#5	#4	#3	#2	#1	#0
F9				DM30				

(2) 外部复位信号(ERS) G8.7 为 1 时，CNC 就变成了复位状态，程序执行结束代码 M30 后，将此信号置 1，CNC 复位。光标返回到程序开头。

地址	#7	#6	#5	#4	#3	#2	#1	#0
G8	ERS							

任务三　案例分析：自动运行 PMC 程序

【任务要求】

1. 掌握数控车床相关的自动运行信号。

2. 掌握自动运行 PMC 程序。

【相关知识】

数控机床自动运行的前提是：操作方式应选择自动或 MDI 方式，并且输入相应的加工程序。程序选定后，按下机床操作面板上的循环起动按钮，PMC 向 CNC 输出循环起动信号 ST，ST 的下降沿启动程序的自动运行。自动运行起动后，CNC 向 PMC 输出循环起动确认信号，STL 变为 1，进给暂停信号 SPL 为 0，信号 STL 可用于控制机床操作面板上的循环运行指示灯，在机床自动循环运行时，该指示灯点亮。机床自动加工中，可通过 PMC 向 CNC 输出的控制信号中断或停止自动加工。根据不同的要求，自动运行的停止可以选择进给暂停、自动运行停止和 CNC 复位停止三种方式。

一、自动运行的机床侧 PMC 信号

(一) 机床操作面板

CK6140 数控车床实训装置的机床操作面板采用国产三森公司生产的 CNC-0iMA 面板。操作方式采用按键式切换方式。面板正面参见前面介绍的图 5-1。机床操作面板输入、输出信号接线参见前面介绍的图 5-2。自动方式选择键接 X1.2，MDI 方式选择键接 X1.6，辅助功能单程序段键接 X0.7，跳段键接 X1.0，空运行键接 X1.4，机床锁住键接 X1.5，可选择停止键接 X0.3，循环起动键接 X2.2，进给暂停键接 X2.3，进给倍率选择开关接 X7.0 ~ X7.4。单段确认指示灯接 Y1.0，空运行确认指示灯接 Y1.1，自动方式确认指示灯接 Y1.2，MDI 方式确认指示灯接 Y1.4，跳段确认指示灯接 Y1.5，选择停确认指示灯接 Y6.0，机床锁住确认指示灯接 Y6.2，循环起动指示灯接 Y0.3，进给暂停指示灯接 Y7.1。

(二) 仿真面板

仿真面板参见前面介绍的图 6-1。X 轴正向硬限位开关 SW1 接 X5.0，X 轴反向硬限位开关 SW 接 X5.2，Z 轴正向硬限位开关 SW4 接 X5.2，Z 轴负向硬限位开关 SW6 接 X5.3。

二、自动运行 PMC 程序

急停按钮及 X 轴 Z 轴硬限位开关都在接通位置，急停信号 G8.4 为 1，CNC 方式确认输出信号 F3.3 为 1，PMC 输出 Y1.4 为 1，机床操作面板上的 MDI 方式指示灯亮。CNC 输入信号 G14.0、G14.1 的 4 种组合确定加工程序代码 G00 的快速移动速度。进给轴的插补进给速度由进给倍率开关控制，根据进给倍率输入信号(*FV)的不同状态，利用功能指令 CODB 实现，将相应的倍率值送到 CNC 的输入地址 G12 中，切削进给倍率开关与手动进给倍率开关使用同一个倍率开关。单程序段选择键接 PMC 输入信号 X0.7，控制 CNC 输入信号 G46.1 的状态，按下单段键 X1.7 为 1，G46.1 为 1，并保持，PMC 输出 Y1.0 为 1，单段确认指示灯亮；再按一次单段键 X1.7 再为 1，G46.1 变为 0，Y1.0 变为 0，单段确认指示灯灭。同样，程序段跳转、空运行、机床锁住、可选择停止等辅助功能控制 PMC 程序与单程序段编程类同。循环起动按钮接 PMC 输入信号 X2.2，按下起动按钮时，CNC 输入信号 G7.2 为 1，松手后 G7.2 变为 0，在 G7.2 的下降沿启动程序运行，CNC 输出信号 F0.5 为 1，PMC 输出 Y0.3 为 1，自动运行指导灯亮。按下进给暂停按钮时 CNC 输入信号 G8.5 为 1，机床停止进给，CNC 输出信号 F0.4 为 1，PMC 输出 Y7.1 为 1，进给暂停指示灯亮。

具体的梯形图程序如下：

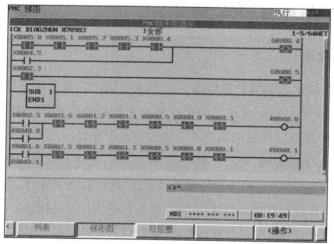

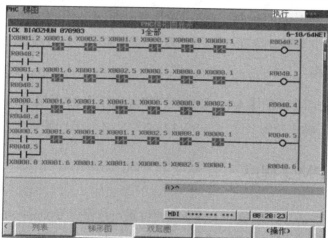

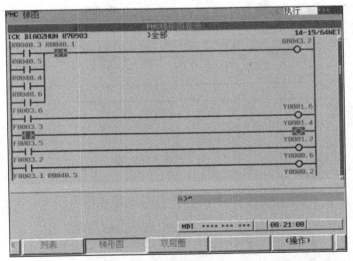

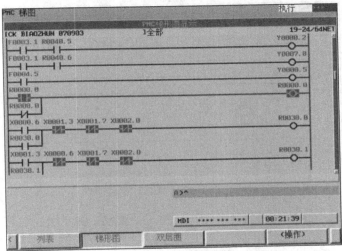

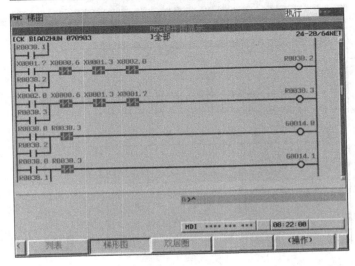

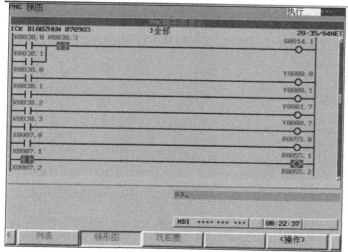

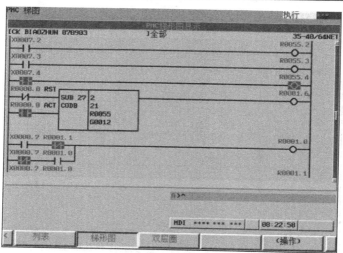

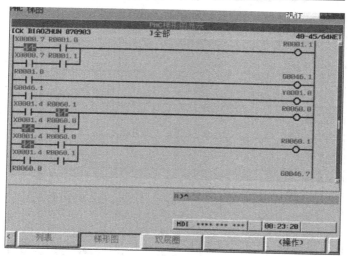

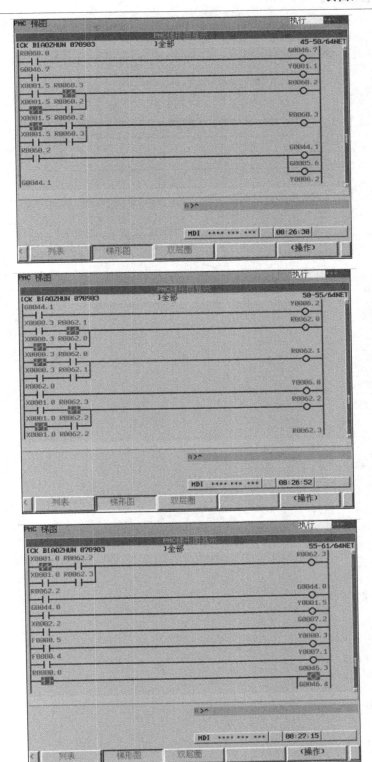

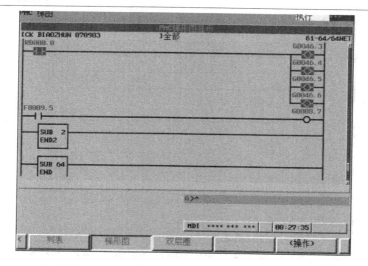

项目九　数控车床的刀架控制

任务一　手动方式换刀控制

【任务要求】

1. 掌握数控车床的手动换刀过程。
2. 掌握 4 工位手动换刀 PMC 程序。

【相关知识】

回转刀架是数控车床最常见的一种典型换刀装置。它通过刀架的旋转、分度定位来实现机床的换刀。目前普及型的数控车床上最常见的是立式回转的四方电动刀架。

一、四方刀架手动换刀控制的过程

在手动方式下，按下操作面板上的手动换刀键，换刀过程如下。

1. 刀架抬起

刀架电动机与刀架内的蜗杆相连，刀架电动机转动时，与蜗杆配套的蜗轮转动，此蜗轮与一条丝杠为一体，当丝杠转动时会上升，丝杠上升后，使位于丝杠上端的压板上升，即松开刀架。

2. 刀架转位

刀架松开后，丝杠继续转动，刀架在摩擦力的作用下与丝杠一起转动，即换刀。在刀架每个刀位上有一个霍尔传感器，当转动加工位置时，此传感器发出低电平信号，刀架电动机开始反转。

3. 刀架锁紧

刀架只能沿一个方向转动，当丝杠反转时，刀架不能动作，丝杠带着压板向下运动，将刀架锁紧，完成换刀。

二、案例分析：手动换刀 PMC 程序

（一）机床与 PMC 之间的信号

1. 机床操作面板

CK6140 数控车床实训装置中，机床操作面板采用国产三森公司生产的 CNC-0iMA 面板。操作方式采用按键式切换方式。面板正面参见前面介绍的图 5-1。手动方式选择键接 X1.1，手动选刀键接 X0.2，手动方式确认指示灯接 Y0.6。

2. 仿真面板

仿真面板参见前面介绍的图 6-1。加工位置实际刀号由 4 个指示灯表示。1 号刀具指示灯接 Y3.4、2 号刀具指示灯接 Y3.5、3 号刀具指示灯接 Y3.6、4 号刀具指示灯接 Y3.7。

3. 机床侧信号

对于实际刀号检测霍尔传感器来说，1 号刀接 X3.0、2 号刀接 X3.1、3 号刀接 X3.2、4 号刀接 X3.3。刀架正转 PMC 输出信号接 Y2.0、刀架反转 PMC 输出信号接 Y2.1。当 Y2.0 有输出时，中间继电器 KA6 得电，交流接触器 KM2 得电，刀架电动机正转；当 Y2.1 有输出时，中间继电器 KA7 得电，交流接触器 KM3 得电，刀架电动机反转。电动刀架控制电路及主电路如图 9-1 所示。

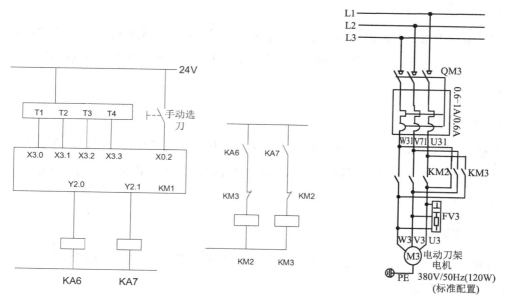

图 9-1　电动刀架控制电路及主电路

(二) 手动方式刀架控制 PMC 程序

在手动方式下，内部继电器 R0.7 为 1。按下手动选刀键 X0.2，R101.0 得电并自锁，R102.0 得电，Y2.0 得电，中间继电器 KA6 得电，交流接触器 KM2 得电，电动刀架正转，转到下一个工位时，刀号确认信号变为低电平，R100.6 得电，R100.7 得电一个扫描周期，R100.4 失电一个扫描周期，R101.0 失电，R102.0 失电，Y2.0 失电，交流接触器 KM2 失电，刀架正转停止。Y2.0 由得电变为失电，R110.2 得电一个扫描周期，R110.4 得电并自锁，定时器 T27 开始得电延时，一般设定为 100ms，延时时间到后 R110.5 得电，R110.6 得电并自锁，R102.1 得电，Y2.1 得电输出，中间继电器 KA7 得电吸合，交流接触器 KM3 得电并吸合，刀架电动机反转锁紧，锁紧时间由定时器 T28 设定。

手动换刀 PMC 程序如下：

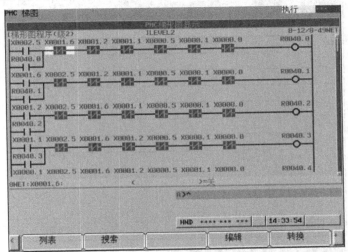

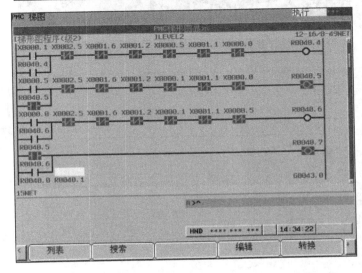

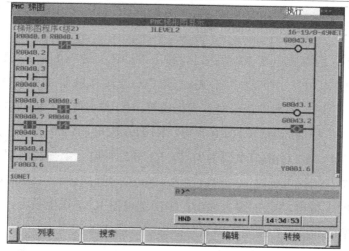

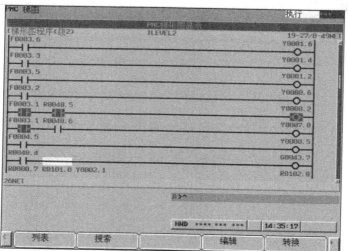

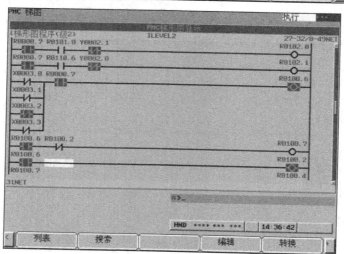

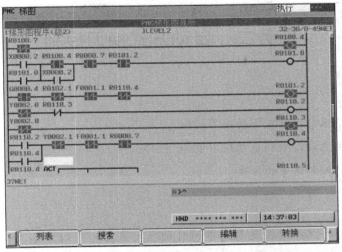

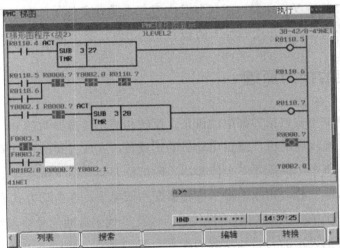

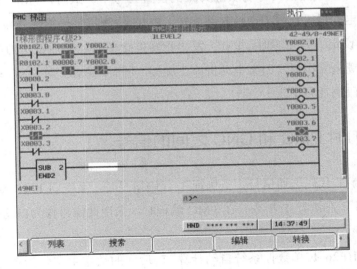

任务二　自动方式换刀控制

【任务要求】

1. 了解数控车床自动方式下的换刀过程。

2. 掌握 4 工位电动刀架的自动换刀 PMC 程序。

3. 掌握相关的控制信号的方法。

【相关知识】

数控车床使用的回转刀架是最简单的自动换刀装置，有四工位、六工位和八工位刀架。其换刀过程一般为刀架抬起、刀架转位、刀架夹紧并定位等几个步骤。回转刀架必须具有良好的强度和刚性，以承受粗加工的切削力。同时，要保证回转刀架重复定位精度。

一、自动刀架的换刀原理

刀架的电气控制主要包括刀架电动机正、反转和霍尔传感器两部分。实现刀架正、反转的是普通的三相异步电动机，通过电动机的正反转，完成刀架的转位锁紧。刀位检测器件为霍尔传感器，每个工位需要一个传感器，四工位刀架有四个霍尔传感器安装在一个圆盘上，刀具在加工位置时，相应的霍尔传感器变为低电平。在自动方式或 MDI 方式下，CNC 执行 T 代码程序段，经译码后，将代码信号及 T 代码选通信号输入到 PMC，PMC 执行自动换刀程序，当设定的刀号与实际刀架的位置刀号不一致时，PMC 输出刀架正转信号，这时，刀架电动机正转，刀架抬起并旋转，PMC 检测霍尔传感器的高、低电平，当加工位置的刀号与设定刀号相等时，PMC 发出正转停止信号，然后发出刀架电动机反转信号，刀架锁紧，锁紧完毕后，刀架电动机停止旋转，同时，PMC 向 CNC 输出刀架换刀完成信号。该程序段执行完毕。

二、自动换刀时 PMC 和 CNC 之间的信号

(1) TF(F7.3) T 代码选通信号。当执行 T 代码指令时，系统向 PMC 输入 T 代码选通信号，表示 CNC 正在执行 T 指令。在 PMC 编程时，采用此信号作为自动换刀 PMC 程序的必要条件。

(2) T00~T31(F26~F29)数控系统自动计算 T 后面的数字中实际指令刀具号是几位数

字，把计算的刀号转换成二进制数，送到 PMC 输入地址 F26~F29。

(3) FIN(G4.3)表示辅助功能、主轴功能、刀具功能等共同的完成信号。T 代码功能也可以使用单独完成信号 TFIN(G5.3)。此信号是否使用，由参数 3001 的第 7 位来设定，设定参数 3001#7 为 1 时，选择使用 TFIN 信号，为 0 时不使用 TFIN 信号，使用 G4.3 信号。

三、案例分析：刀架自动换刀 PMC 程序

(一) 机床操作面板

CK6140 数控车床实训装置的机床操作面板采用国产三森公司生产的 CNC-0iMA 面板。操作方式采用按键式切换方式。面板正面参见前面介绍的图 5-1。自动方式选择键接 X1.2，MDI 方式选择键接 X1.6，自动方式确认指示灯接 Y1.2，MDI 方式确认指示灯接 Y1.4。

(二) 仿真面板

仿真面板参见前面介绍的图 6-1。加工位置实际刀号由 4 个指示灯表示。1 号刀具指示灯接 Y3.4、2 号刀具指示灯接 Y3.5、3 号刀具指示灯接 Y3.6、4 号刀具指示灯接 Y3.7。

(三) 机床侧的信号

实际刀号检测使用霍尔传感器，1 号刀接 X3.0、2 号刀接 X3.1、3 号刀接 X3.2、4 号刀接 X3.3。刀架正转 PMC 输出信号接 Y2.0、刀架反转 PMC 输出信号接 Y2.1。当 Y2.0 有输出时，中间继电器 KA6 得电，交流接触器 KM2 得电，刀架电动机正转；当 Y2.1 有输出时，中间继电器 KA7 得电，交流接触器 KM3 得电，刀架电动机反转。

(四) 自动换刀 PMC 程序

选择自动方式或 MDI 方式时，内部继电器 R0.4 得电。执行自动换刀或 MDI 换刀时，选通信号 F7.3 为 1，R27.0 为 1。定时器 T13 为从选通信号 F7.3 为 1 到刀架正转 PMC 输出的延迟时间设定，一般设定为 100ms。

定时器 T14 为刀架选刀超时时间设定，设定时间大于刀架旋转一周的时间，如果 F7.3 为 1 的时间超过 T14 设定的时间，这时，CNC 发出换刀时间超时报警，同时，刀架停止转动。经 CNC 译码后期望或设定的刀号，由地址 F26 输入到 PMC，设定的刀号送入 R53。如果设定的刀号大于或等于 5，R26.6 得电，如果设定的刀号是 0，R26.5 得电，这样 R28.0 得电，显示屏显示输入刀号错误报警，终止继续换刀。如果设定的刀号在 1 到 4 之间，R28.0 不得电，加工位置的实际刀号由霍尔传感器送入 R50，通过传送指令送入 R51

内，作为刀架实际刀号。

T 代码指令设定的刀号送入 R54 进行比较，如果设定刀号与刀架实际刀号一致，R28.3 得电，T 代码指令执行结束；如果设定的刀号与刀架实际刀号不一致，则 Y2.0 得电，刀架电动机正转，刀架旋转，当刀架刀号转到与设定的刀号一致时，R28.3 得电，Y2.0 输出为 0，刀架电动机正转停止，R28.6 得电，Y2.1 输出为 1，刀架电动机反转锁紧，经 T15 定时器延时后，R60.3 得电，Y2.1 输出为 0，刀架电动机反转结束。T 代码指令结束信号 G4.3 得电的条件，一是执行 T 代码时，设定刀号与刀架实际刀号相同，二是刀架电动机反转锁紧后。

自动换刀的 PMC 程序如下：

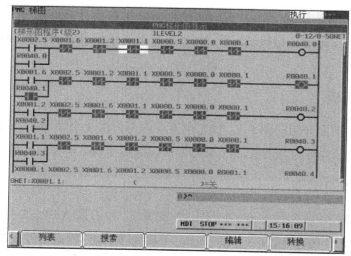

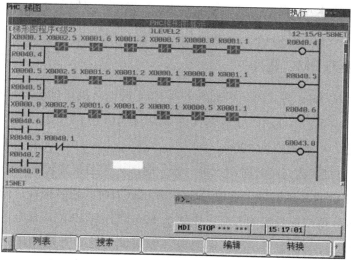

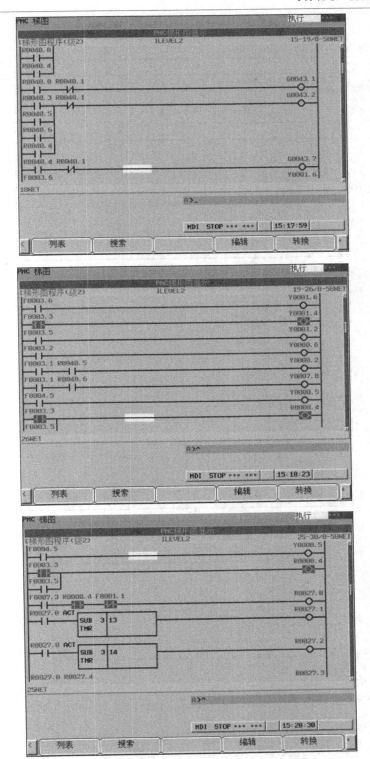

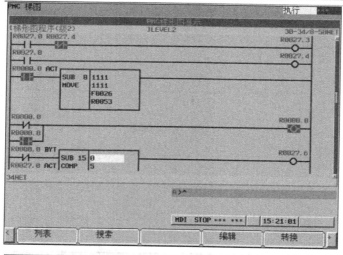

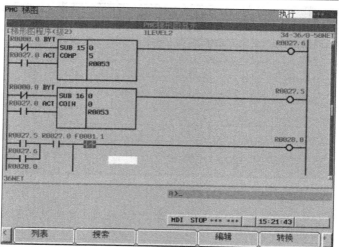

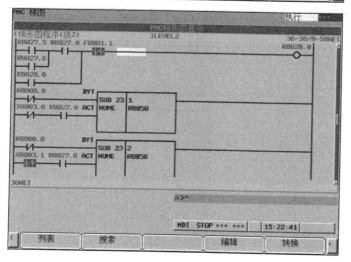

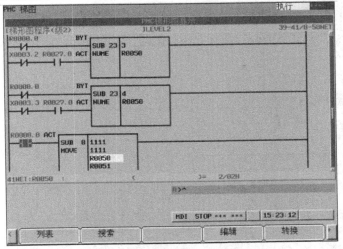

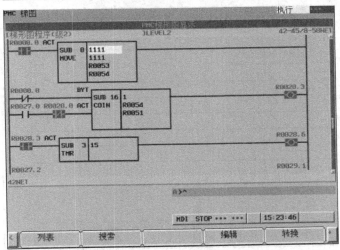

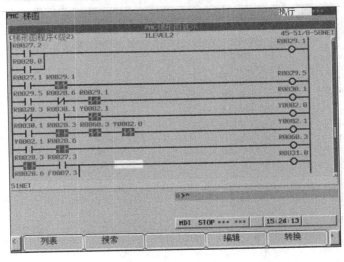

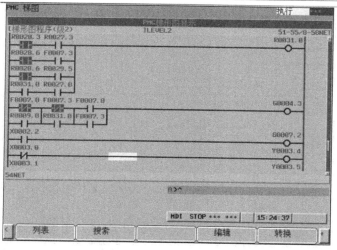

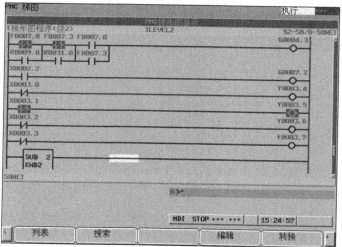

项目十　超程保护及设定

任务一　超程保护的种类及信号

【任务要求】

1. 熟知保护的种类。
2. 掌握保护的设定方法。
3. 掌握相关的参数及信号。

【相关知识】

坐标轴的超程保护包括硬件超程保护和软件限位保护两种。硬件超程保护通过安装行程开关来实现，软件限位保护通过设定 CNC 参数来实现。一般而言，软件限位只有返回参考点完成、机床坐标系设定后才能设定。

一、机床限位方式

(一) 硬件保护功能

硬件保护功能分为超极限急停和硬件限位两种。超极限急停需要通过紧急分断的强电安全电路，直接关闭驱动器电源，进行紧急停机；硬件限位可通过 PMC 程序向 CNC 输入行程限位信号，停止指定轴的指定方向移动，并在显示屏上显示报警。

(二) 软件限位

软件限位的作用与硬件限位类似，它是 CNC 根据实际坐标轴的位置，自动判别坐标轴是否超程的功能，软件限位一般在参考点确定后生效。软件限位位置可通过 CNC 参数进行设定，软件限位生效后，坐标轴将减速停止。

超极限限位、硬件限位、软件限位的相对位置如图 10-1 所示。

通常，软件限位的位置设定在大于正常加工范围 1~2mm 的坐标位置上；硬件限位开关应位于软件限位之后；硬件限位之后为超极限急停。设置行程保护时，应保证在机械部件产生碰撞与干涉前，坐标轴能够通过紧急制动停止，因此，超极限急停开关的动作位置与坐标轴产生机械碰撞的距离，应大于坐标轴紧急制动停止的距离。

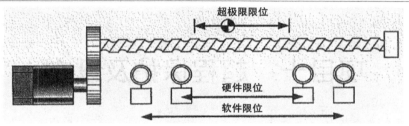

图 10-1 超极限限位、硬件限位、软件限位的相对位置

二、超程保护相关的参数

(一) 硬件超程功能的设定

参数 3004 的第 5 位设定是否使用硬件超程报警。当第 5 位设定为 1 时，不使用硬件超程功能；为 0 时，使用硬件超程功能。

参数	#7	#6	#5	#4	#3	#2	#1	#0
3004			OTH					

(二) 软件超程功能的设定

参数 1300 的第 6 位设定参考点确定前软件超程功能是否有效。第 6 位为 0 时，参考点未确认前，软件超程功能有效；为 1 时，参考点未确认前软件超程功能无效。

(三) 软件超程坐标轴的设定

参数 1320 设定软件超程坐标轴的正向限位坐标值，参数 1321 设定软件超程坐标轴的负向限位坐标值。

三、超程信号

(一) 超极限急停信号

CNC 直接读取机床侧 PMC 输入信号 X8.4 和 CNC 输入信号 G8.4，两个信号中的任意一个信号为 0 时，进入紧急停止状态。

软件信号		#7	#6	#5	#4	#3	#2	#1	#0
地址	G0008				*ESP				

输入信号		#7	#6	#5	#4	#3	#2	#1	#0
地址	X0008				*ESP_1				

（二）超程信号

每个轴的正、负两端的限位开关接 PMC 输入，通过 PMC 编程输入到 CNC 的输入地址 G114、G116，X 轴的正向硬限位开关控制 CNC 输入信号 G114.0，X 轴负向硬限位开关控制 G116.0，其他轴类似。这些信号正常状态都为 1，该信号为 0 时，显示屏显示报警号 OT506 或 OT507。

信号		#7	#6	#5	#4	#3	#2	#1	#0
地址	G0114				*+L5	*+L4	*+L3	*+L2	*+L1
地址	G0116				*−L5	*−L4	*−L3	*−L2	*−L1

（三）报警信号

CNC 处于报警状态时，显示屏上显示报警信息的同时，CNC 输出信号 F1.0 变为 1。机床一般可以使用该信号鸣响报警器，同时使报警灯点亮。

信号		#7	#6	#5	#4	#3	#2	#1	#0
地址	F0001								AL

（四）复位信号

CNC 处于复位状态时，CNC 输出信号 F1.1 为 1。

软件信号		#7	#6	#5	#4	#3	#2	#1	#0
地址	F0001				*ESP			RST	

任务二　案例分析：超程设置及 PMC 程序分析

【任务要求】

1. 掌握软件超程设定的方法。
2. 掌握硬件超程 PMC 设计方法。

【相关知识】

限位控制是数控机床的一个基本安全功能。数控机床的限位分为硬限位、软限位和加工区域限制。硬限位是数控机床的外部安全措施，目的是在机床出现失控的情况下断开驱动器的使能控制信号。自动运行时，当任意一轴发生超程报警时，所有进给轴都将减速停止。手动运行时，仅对于报警轴的报警方向不能移动，但可以向相反的方向移动。

一、机床操作面板

CK6140 数控车床实训装置中，机床操作面板采用国产三森公司生产的 CNC-0iMA 面板。操作方式采用按键式切换方式。面板正面参见前面介绍的图 5-1。机床操作面板输入、输出信号接线参见前面介绍的图 5-2。操作面板上有一个急停按钮，该急停按钮的常闭触点与进给轴上的超极限限位开关常闭触点串联，接 PMC 输入信号 X8.4。

二、仿真面板

仿真面板参见前面介绍的图 6-1。X 轴正向硬限位开关 SW1 接 X5.0，X 轴负向硬限位开关 SW3 接 X5.1，Z 轴正向硬限位开关 SW4 接 X5.2，Z 轴负向硬限位开关 SW6 接 X5.3。X 轴正向硬限位超程指示灯 HL3 接 PMC 输出信号 Y4.2，X 轴负向硬限位超程指示灯 HL4 接 PMC 输出信号 Y4.3，Z 轴正向硬限位超程指示灯 HL6 接 PMC 输出信号 Y4.5，Z 轴负向硬限位超程指示灯 HL5 接 PMC 输出信号 Y4.4。

硬限位开关输入信号的外部接线如图 10-2 所示。

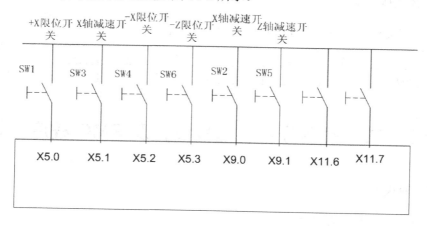

图 10-2　硬限位开关输入信号的外部接线

三、软限位超程举例

(1) X 轴负向加工行程坐标为负向 100mm，在软限位参数 1321 中，X 坐标设定为负 100 毫米。显示界面如下：

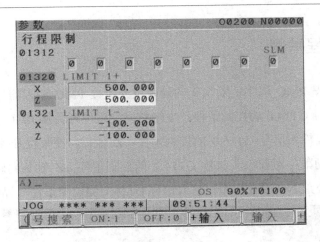

(2) 手动方式下，按下 X 轴的负向键，X 轴向负方向移动，移动到软限位坐标值时，X 轴停止，显示界面如下：

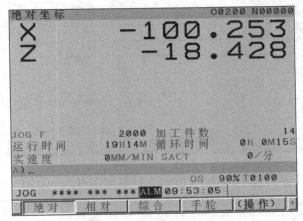

(3) 这时，显示屏出现 ALM 报警，查看报警信息为"OT501 (X)负向超程(软限位1)"。X 轴不能再向负向移动，只能向 X 轴正向移动。界面如下：

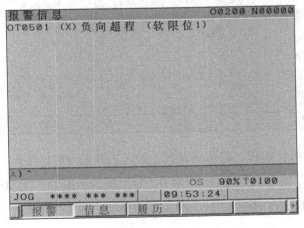

四、硬限位超程举例

(1) 硬限位超程 PMC 程序。X 轴正向硬限位开关接 PMC 输入信号 X5.0，作为 CNC 硬限位超程输入信号 G114.0 的控制条件；X 轴负向硬限位开关接 PMC 输入信号 X5.1，作为 CNC 硬限位超程输入信号 G116.0 的控制条件；Z 轴正向硬限位开关接 PMC 输入信号 X5.3，作为 CNC 硬限位超程输入信号 G114.1 的控制条件；Z 轴负向硬限位开关接 PMC 输入信号 X5.2，作为 CNC 硬限位超程输入信号 G116.1 的控制条件。界面如下：

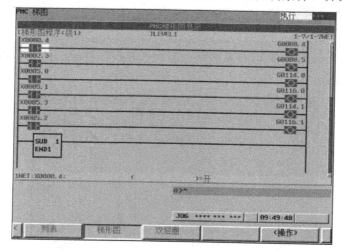

(2) 硬限位超程生效设定参数 3004 的第 5 位设定为 0。界面如下：

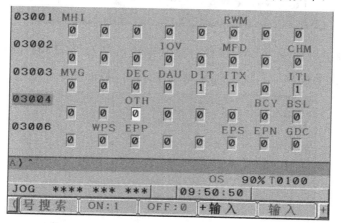

(3) X 轴正向硬限位超程。将仿真面板上的转换开关 SW1 打到超程位置，PMC 输入信号 X5.0 为 0，CNC 输入信号 G114.0 为 0，显示屏显示报警"OT506 (X)正向超程(硬限位)"。X 轴不能再向正方向移动，只能向负方向移动。界面如下：

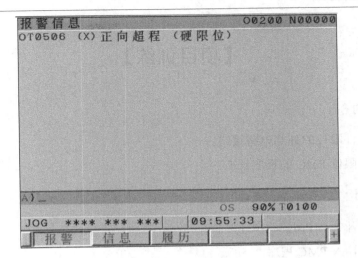

(4)　同样，X 轴负向硬限位超程、Z 轴正向硬限位超程的界面如下：

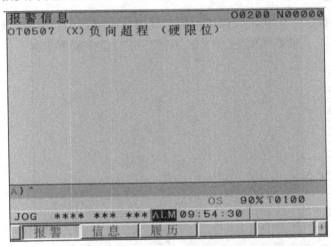

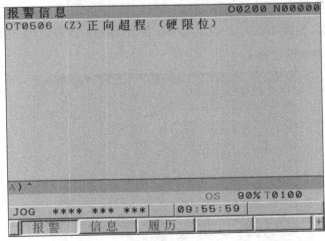

【项目训练】

1. 训练目的

(1) 掌握硬件限位的外部电路接线。

(2) 掌握硬限位 PMC 的程序状态。

2. 训练项目

(1) 硬限位开关与 PMC 动作连接。

(2) 编写并输入 PMC 程序。

(3) 设定参数。

(4) 在仿真面板上，仿真轴硬限位超程，观察显示屏显示的报警信息：

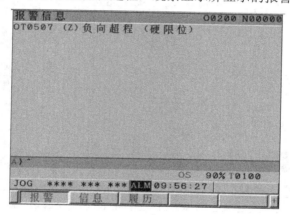

① 屏蔽轴示例。

屏蔽 Z 轴伺服。参数 1022：Z 设定为 0；参数 1023：Z 设定为-128；参数 1902#1 设定为 0，参数 3115 Z#0 设定为 1。

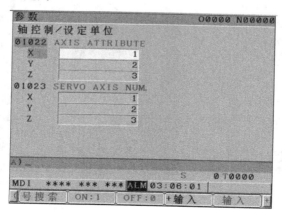

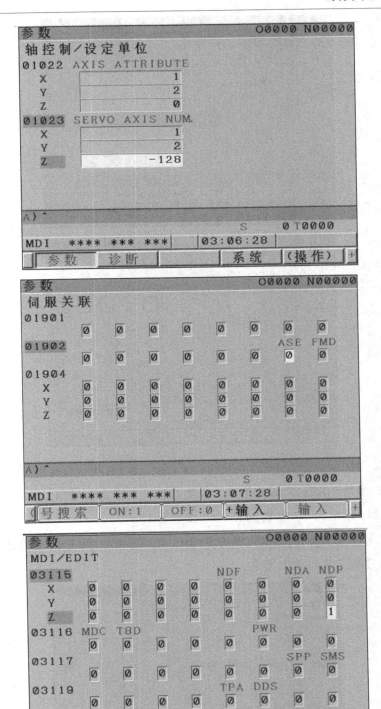

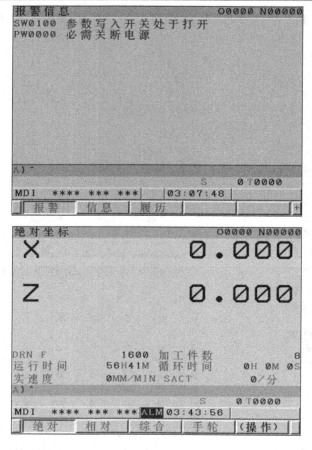

② 屏蔽 X 轴伺服。

屏蔽 X 轴。参数 1022：X 设定为 0；参数 1023：X 设定为-128，Y 设定为 1，Z 设定为 2；参数 1902#1 设定为 0；参数 3115 X#0 设定为 1。

将 CNC 原来连接 X 轴伺服放大器的 FSSB，与 Y 轴放大器连接。切记，X 轴的急停信号及 MCC 信号接到 Y 轴放大器上。

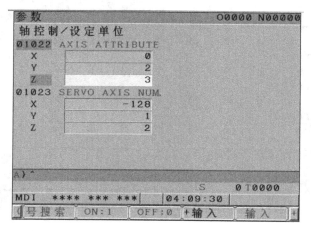

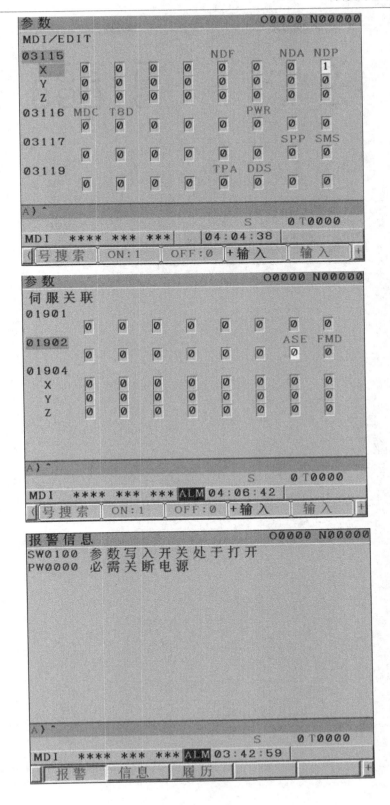

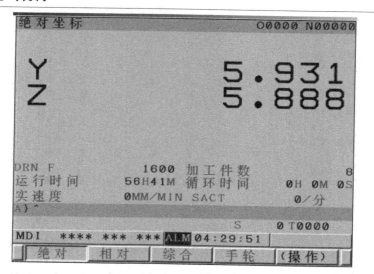

项目十一 模拟主轴控制

任务一 CNC 与主轴连接及参数设置

【任务要求】

1. 掌握 CNC 与主轴之间的连接。
2. 正确设定参数，调试主轴的基本控制功能。

【相关知识】

对于数控车床来说，机床主轴指的是机床上带动工件旋转的部分。这部分包括：主轴、轴承、传动部件及主轴电动机等。数控车床主轴控制通常采用变频器及普通三相异步电动机作为模拟主轴。机床主轴的控制系统为速度控制系统，与主轴直连的编码器一般情况下作为速度测量元件使用。从主轴编码器反馈的信号一般有两个用途：主轴转速显示；螺纹切削加工、恒线速度切削。

一、主轴控制电路

数控机床的主轴驱动装置根据主轴速度控制信号的不同，分为模拟量控制的主轴驱动装置和串行数字控制的主轴驱动装置两类。模拟量控制的主轴驱动装置采用变频器实现主轴电动机的控制，主轴电动机采用三相异步电动机。CNC 的 JA40 为模拟主轴的给定信号输出接口，JA41 连接主轴编码器。串行数字主轴驱动装置采用 FANUC 公司生产的数字驱动装置及伺服电动机。串行数字控制装置的给定转速及实际转速等信号由 CNC 端口 JA41 输出。位置编码器的输出信号直接连接到串行数字控制装置上。主轴模拟驱动及串行数字驱动装置的连接如图 11-1 所示。

二、主轴参数设定

(1) 使用模拟主轴时，将参数 3716#0 设定为 0，参数 3717 设定为 1。

(2) 主轴编码器的脉冲数可以任意选择，参数 3720 设定主轴编码器的一转脉冲数。在主轴编码器与主轴之间有传动比时，主轴编码器侧齿数设定在参数 3721 中，主轴侧齿数设定在参数 3722 中。

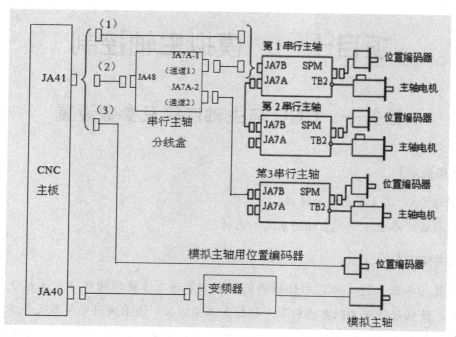

图 11-1　主轴模拟驱动及串行数字驱动装置的连接

（3）主轴额定转速为 CNC 输出模拟给定电压 10V 对应的主轴转速，也就是主轴的额定转速，该转速设定在参数 3741 中。

（4）速度误差的调整。

当主轴的实际转速与理论速度存在误差时，往往是由于主轴倍率不正确或者是 CNC 模拟输出电压存在零点漂移而引起的。如果是后者的原因，可通过相关参数进行调整。

先将给定速度设定为零，如 M03S0，测量 JA40 输出端电压，调整参数 3731，使万用表上显示 0mv。设定值为“-1891×偏置电压(V)/12.5”。再将给定转速设定为主轴的额定转速，如主轴的额定转速为 1500r/min。输入指令 M03S1500。测量 JA40 输出端电压，调整参数 3730，先设定 1000，然后调整测量输出电压，设定值为“10V×参数 3730 的设定值/测量的电压值”。使万用表显示为 10V。

三、PMC 与 CNC 之间的信号

主轴急停信号为 G71.1，主轴停止信号为 G29.6，主轴倍率为 G30，主轴正转为 G70.5，主轴反转为 G70.4。

任务二 主轴的 PMC 程序设计

【任务要求】

1. 根据电气原理图，结合实训设备，分析主轴的控制原理。
2. 学会进行主轴自动、手动 PMC 程序的设计。

【相关知识】

数控机床的主轴需要进行速度控制，以满足不同加工工艺的要求。主轴速度控制方式包含 CNC 控制方式和 PMC 控制方式，体现在操作上，一般就是自动方式和手动方式。主轴速度 CNC 控制方式是由系统 CNC 加工程序的 S 代码指定的速度值决定的。可以通过机床操作面板上的主轴倍率开关进行调整，这就是数控机床常用的自动控制方式。主轴速度 PMC 控制方式是将主轴速度通过 PMC 程序进行处理，主要用于主轴点动或手动状态下主轴的正、反转控制。

一、模拟主轴控制电路

使用模拟主轴，主轴驱动器为西门子 V20 变频器，主轴电动机为普通三相异步电动机。主轴转速设定由 CNC 系统的 JA40 端口输出 0~10V 的直流电压。

主轴的正反转控制：用 PMC 输出信号 Y2.5、Y2.6 控制中间继电器 KA11、KA12 的线圈。由 KA11、KA12 的触点控制变频器的正反转输入端子，实现主轴的正反转。变频器的外部接线及 PMC 控制电路如图 11-2 和图 11-3 所示。

图 11-2 变频器的外部接线

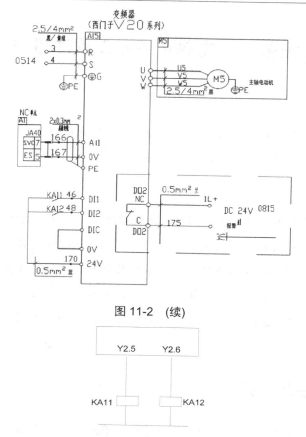

图 11-2 （续）

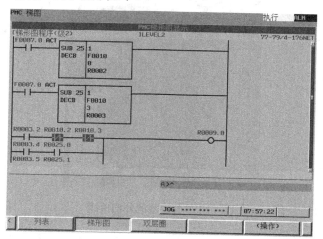

图 11-3 PMC 的外部控制电路

二、模拟主轴自动运行的 PMC 程序

模拟主轴自动运行的 PMC 程序如下：

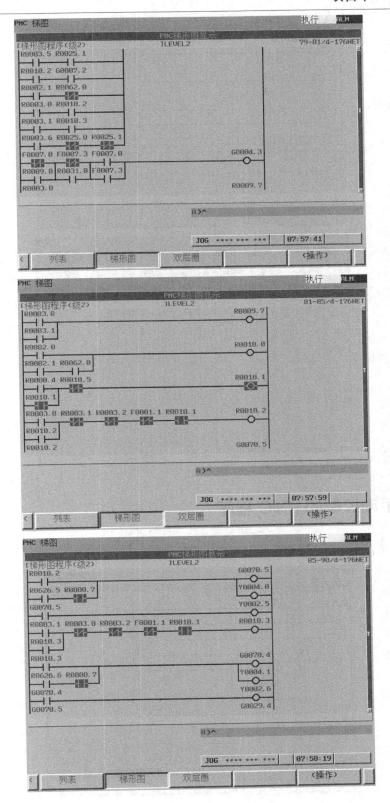

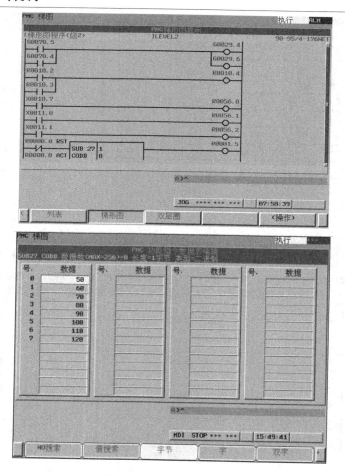

三、主轴手动控制的 PMC 程序

主轴手动控制的 PMC 程序如下：

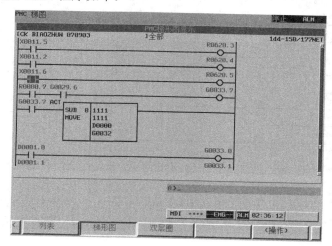

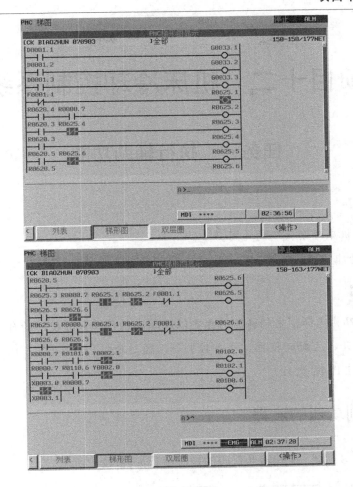

【项目训练】

1. 训练目的

(1) CNC 系统与变频器、编码器之间的连接。

(2) PMC 输出信号与变频器之间的连接。

2. 训练项目

(1) 找出主轴正转、反转和停止输入地址，查找与现场实训设备有关的主轴速度控制输入和输出信号。

(2) 编制主轴手动方式下的 PMC 程序并调试。

(3) 编制主轴自动方式下和倍率控制的 PMC 程序并调试。

项目十二　机床冷却控制系统

任务一　执行辅助功能

【任务要求】

1. 学习数控机床辅助代码的作用。
2. 掌握 M 功能的执行时序。

【相关知识】

数控机床的刀具选择、主轴转速的指定以及辅助动作，如防护门的自动打开/关闭、卡盘的自动夹紧/松开、主轴的换挡、冷却控制等，通过地址 T、S、M、B 及后面的数值指定。这种控制通过 PMC 进行。

一、辅助控制功能的流程

数控机床 T、S、M、B 等辅助代码的控制流程如图 12-1 所示。

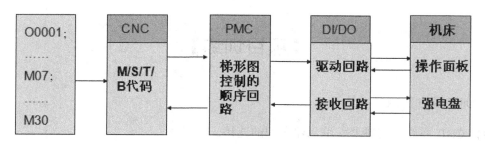

图 12-1　数控机床 T、S、M、B 等辅助代码的控制流程

二、辅助功能信号

每一种辅助功能都有对应的代码选通信号。

(1) M 代码的执行流程如图 12-2 所示。在执行 M 代码的时候，如果希望在同一程序段中移动指令、暂停等执行完成后，再执行相应的 M 代码，需等待分配完成信号 DEN 成为"1"。

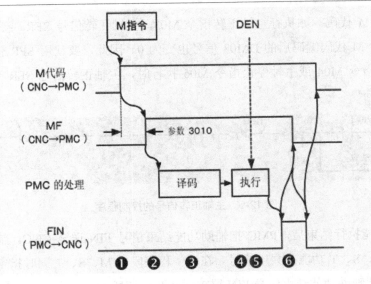

图 12-2　M 代码的执行流程

(2) 在 M 代码输出后，延迟由参数 3010 所设定的时间，CNC 输出 M 代码读取指令 MF 信号。MF 信号表示 CNC 向 PMC 输出的 M 代码已确定。辅助功能相应的地址信号如图 12-3 所示。

	M功能	S功能	T功能
代码寄存器	F10~F13	F22~F25	F26~F29
触发信号	F7.0	F7.2	F7.3
完成信号	G4.3		

图 12-3　辅助功能相应的地址信号

(3) 用 PMC 进行 M 代码译码，使用 DECB 指令，一次可以译 8 个连续的 M 代码。如对 M03 ～ M10 进行译码，PMC 程序如图 12-4 所示。

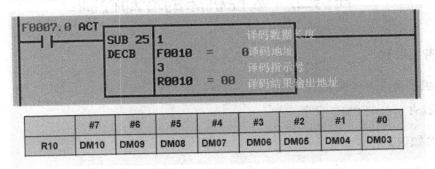

R10	#7	#6	#5	#4	#3	#2	#1	#0
	DM10	DM09	DM08	DM07	DM06	DM05	DM04	DM03

图 12-4　M 代码译码的 PMC 程序

(4) 执行 M 代码。如执行主轴正转指令 M03，主轴正转信号 SFR 变为 1。M 代码执行完后变为 0，M 代码编码后的 DM03 信号也变为 0。因此，要使用 SFR 信号做成保持回路，主轴反转指令 M04 或主轴停止指令 M05 执行时，主轴正转信号 SFR 变为 0。控制程序如图 12-5 所示。

图 12-5　主轴正转信号的控制程序

(5) M 功能执行结束后，PMC 把辅助功能结束信号 FIN 送至 CNC。辅助功能结束信号 FIN 对于 M、S、T 功能是共用信号。在同一程序段中 M、S、T 同时指定时，所有功能执行结束后，把辅助功能结束信号 FIN 置 1，如图 12-6 所示。

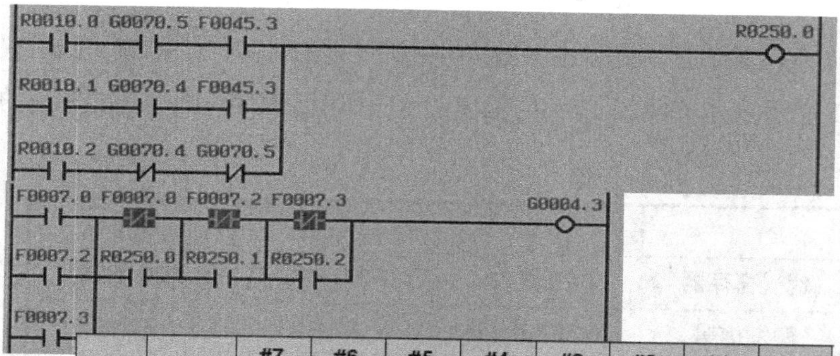

地址	Gn004	#7	#6	#5	#4	#3	#2	#1	#0
						FIN			

图 12-6　辅助功能结束信号 FIN 置 1

任务二　数控机床的冷却控制

【任务要求】

1. 掌握手动冷却控制 PMC 程序。

2. 掌握自动控制 PMC 程序。

【相关知识】

数控机床刀具在切削工件时，会产生大量的热，如果不及时对刀具进行冷却，刀具的使用寿命将大大降低，同时，加工的精度也达不到工艺要求。

一、冷却控制系统

在手动方式下，通过操作面板上的冷却按钮控制冷却液打开或关闭，按一下手动冷却按钮，冷却液打开，冷却按钮上的指示灯点亮，再按一下该冷却按钮，冷却液关闭，冷却按钮上的指示灯熄灭。在自动方式或 MDI 方式下，执行辅助代码 M08 时，冷却液打开；执行 M09 时，冷却液关闭。

二、电气控制图的设计

冷却系统的电气控制原理图和 PMC 输入/输出信号的接口电路如图 12-7 所示。

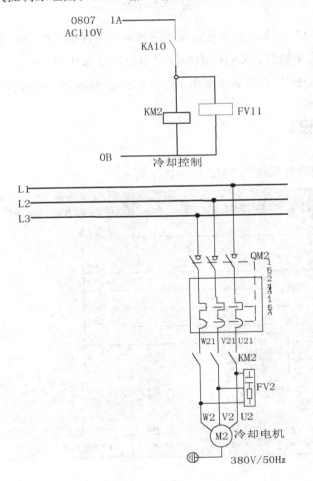

图 12-7　冷却系统的电气控制原理图和 PMC 输入、输出信号的接口电路

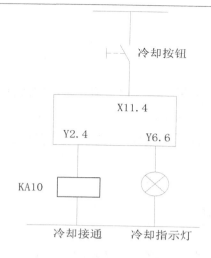

图 12-7　(续)

图 12-7 中，QM2 为冷却电动机的保护断路器，实现电动机的短路及过载保护，KM2 为控制电动机的交流接触器，KA10 为中间继电器，冷却按钮为操作面板上的手动冷却按钮接 X11.4，PMC 输出 Y6.6 控制冷却指示灯，Y2.4 控制冷却泵的起停。

三、PMC 程序设计

手动、自动控制冷却系统的 PMC 程序如下所示：

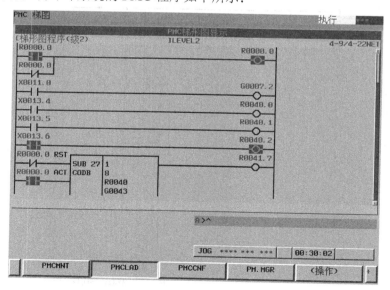

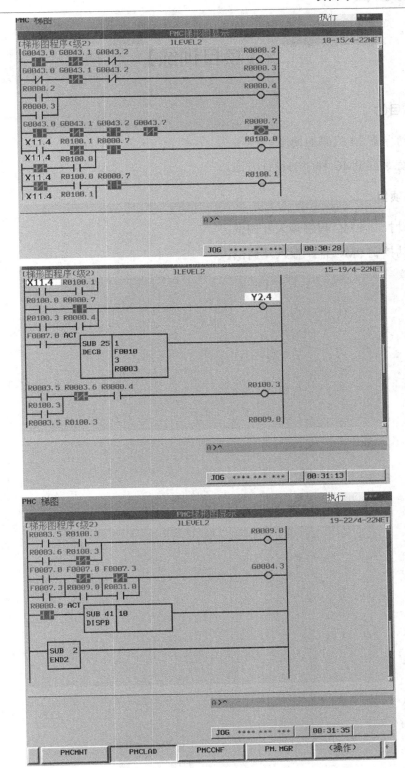

【项目训练】

1. 训练目的

(1) 熟练掌握 M 代码的使用。

(2) 熟练掌握 PMC 程序的设计方法。

2. 训练项目

(1) 手动控制 PMC 程序输入及调试。

(2) 自动控制 PMC 程序输入及调试。

项目十三　数控系统的数据备份与恢复

任务一　数控系统的数据备份

【任务要求】

1. 在根目录下进行数据备份。
2. 正常界面下的数据备份。

【相关知识】

为防止数控单元损坏、电池失效，或更换电池时出现差错，导致机床数据丢失，要定期做好数据的备份工作，以防止发生意外。在数控系统中，需要备份的数据有加工程序、CNC 参数、螺距误差补偿值、宏变量、刀具补偿值、PMC 程序、PMC 数据等。CNC 存储器分配如图 13-1 所示。

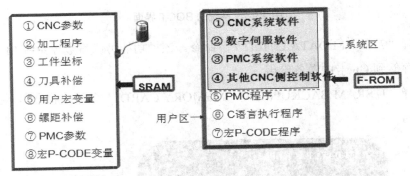

　　📖 除PMC程序之外的用户程序，只能在BOOT界面进行备份。
　　CNC参数、PMC参数、顺序程序、螺距误差补偿量四种数据随机床出厂

图 13-1　CNC 存储器的分配

一、在根目录下进行数据备份

数控系统 SRAM 数据备份通过系统引导程序备份数据到 CF 卡中。

(1) 在机床断电的情况下，将 CF 卡插到系统控制单元的 PCMCIA 卡接口上。

(2) 一起按下右端的两个软键，如图 13-2 所示。同时接通机床。

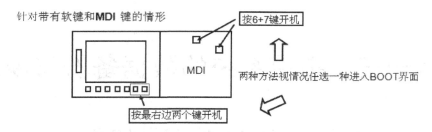

图 13-2　进入 BOOT 界面的方法

(3)　系统进入引导界面的主菜单，此时，屏幕显示内容如图 13-3 所示。

图 13-3　系统的 BOOT 界面

(4)　选择"7. SRAM DATA UTILITY"命令。该项功能可以将数控系统 SRAM 中的用户数据全部存储到 CF 卡中做备份用。

(5)　选择"1. SRAM BACKUP(CNC→MEMORY CARD)"命令，将会显示确认信息，如图 13-4 所示。

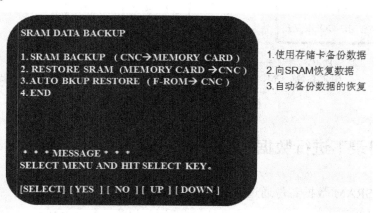

图 13-4　系统数据备份界面

(6)　按下[YES]，开始保存数据。

(7) 备份完成后，显示信息[SRAM COMPLETE HIT SELECT KEY]，这时，需要按下[SELECT]键，完成操作。

二、正常界面下的备份

(一) 备份条件

(1) 输出文本格式文件，可以用计算机编辑器显示文件内容，或者进行编辑。

(2) 进行加工程序的编辑以及数据的输入输出等操作时，要在 EDIT 模式下，由 MDI 键输入参数时要在 MDI 模式下，这是原则。应注意运行模式。

(3) CNC 处于报警状态下也能进行数据的输出。不过，在输入数据时，如发生报警，虽然参数等可以输入，但不能输入加工程序，这点应注意。

(4) 输入、输出通道的选择：

参数	20	I/O通道的选择

0：RS-232-C 通道 1(使用参数 101~103)。

1：RS-232-C 通道 1(使用参数 111~113)。

2：RS-232-C 通道 2(使用参数 121~133)。

4：存储卡。

5：数据服务器。

(二) CNC 参数的输出

(1) 解除急停。

(2) 在机床操作面板上选择方式为 EDIT(编辑)。

(3) 依次按下功能键 和软键 ，出现参数界面，如图 13-5 所示。

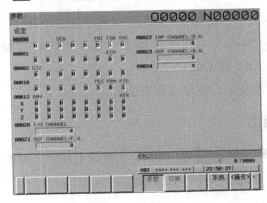

图 13-5 参数界面

(4) 依次按下软键 [操作][文件列][全部][执行]，输出 CNC 参数。输出文件名为 CNC-PARA.TXT。

（三）加工程序的输出

(1) 设定下面的参数，8000 号以上和 9000 号以上的加工程序将不能输出。如要输出该程序，应设定为 0。

参数	#7	#6	#5	#4	#3	#2	#1	#0
3202				NE9				NE8

#4(NE9)　0：可以编辑 9000 多号的程序；1：不可以编辑 9000 多号的程序。

#0(NE8)　0：可以编辑 8000 多号的程序；1：不可以编辑 8000 多号的程序。

(2) 依次按下功能键 和软键 [列表]，显示程序列表界面，如图 13-6 所示。

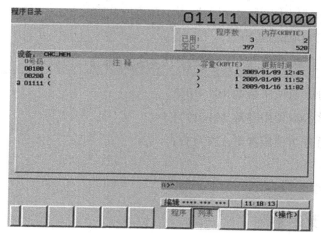

图 13-6　程序列表界面

(3) 按下软键 [操作][文件输出]。

(4) 从 MDI 键盘上输入保存到存储卡的文件名称，按软键 [名称]。

(5) 从 MDI 键盘上输入要输出的程序号，按软键 [设定]。

(6) 按下软键 [执行中]，输出加工程序。当全部程序输出时，输入 O-9999，再按软键 [执行中]。输出文件名称为"ALL-PROG.TXT"。

(7) 改变参数 3202 的设定，恢复成原来的值。

（四）PMC 参数输出

依次按下功能键 和软键 [*][PMC维护]，PMC 参数输出界面如图 13-7 所示。

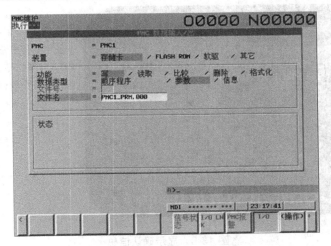

图 13-7　PMC 参数输出界面

任务二　数控系统的数据恢复

【任务要求】

1. 在根目录下进行数据恢复。

2. 正常界面下的数据恢复。

【相关知识】

系统数据的恢复不仅可以通过引导界面进行，还可以通过正常启动界面，利用数据输入、输出的方式进行。通过后者获得的数据可以通过写字板打开。输入、输出方式是指正常启动后数据在数控系统与外部输入、输出设备之间进行传送，该方式主要分为 CF 卡方式和 RS-232 串行口方式。RS-232 串行口方式需要通过 CNC 单元上的 JD36A 或 JD36B 接口与外部计算机连接。利用外部计算机进行数据输入的优点是，可以通过计算机对数据进行离线编辑、修改，并一次性将全部数据输入到数控系统中。

一、在根目录下进行数据恢复

SRAM 数据恢复的前 4 步，与任务一中 SRAM 数据备份的前 4 步是一样的，从第 5 步开始不同。

(1) 选择 "2. RESTORE SRAM(MEMORY CARD→CNC)"，将会显示确认信息，如图 13-8 所示。

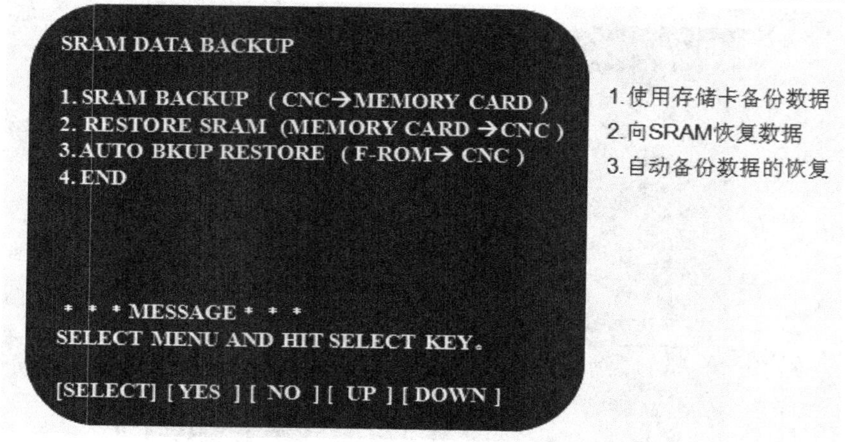

```
SRAM DATA BACKUP

1. SRAM BACKUP   ( CNC→MEMORY CARD )        1. 使用存储卡备份数据
2. RESTORE SRAM (MEMORY CARD →CNC )         2. 向SRAM恢复数据
3. AUTO BKUP RESTORE  (F-ROM→ CNC )         3. 自动备份数据的恢复
4. END




* * * MESSAGE * * *
SELECT MENU AND HIT SELECT KEY.

[SELECT] [ YES ] [ NO ] [ UP ] [ DOWN ]
```

图 13-8   显示确认信息

(2) 按下[YES]，进行数据恢复。

(3) 数据恢复后，显示[SRAM RESTORE COMPLETE HIT SELECT KEY]。需要按下
[SELECT]完成操作。

二、正常界面下的恢复

（一）清空 SRAM 存储器

系统数据恢复前，清空 SRAM 存储器，步骤如下。

(1) 上电时同时按住 和 。按到出现提示信息 "ALL FILE INITIALIZE?" 为止。

(2) 清空 SRAM，按下 1 键。显示 "ALL FILE INITILIZING:END"。

(3) 提示 "NC SYSTEM TYPE (0)"。

(4) 显示 IPL 菜单，按 0 键，结束 IPL 界面。

(5) 显示 CNC 界面。在把参数设定完成前，显示硬超程报警和伺服报警。

（二）输入、输出设备通道的设定

(1) 使系统处于急停状态。

(2) 按下功能键 和软键 ，出现设定界面。查看 PARAMETER WRITE，确定其设
定为 1。

当 SRAM 被全清后，PARAMETER WRITE 自动设定为 1。

(3) 按下功能键 ，出现参数界面。

(4) 设定下面的参数：

参数	20	I/O通道的选择

(三) CNC 参数的输入

(1) 依次按下功能键 ⊡ 和软键 ▭，出现参数界面，如图 13-9 所示。

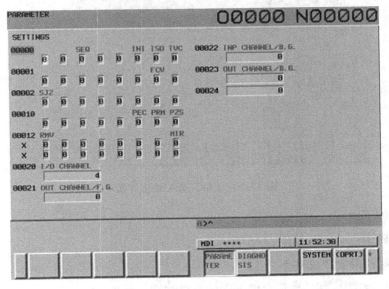

图 13-9　参数界面

(2) 依次按下软键 ▭▭▭▭ 输入 CNC 参数。文件名固定为 CNC-PARA.TXT。输入时，不能指定文件名。

(3) 输入结束后，出现 PW000 报警(POWER MUST BE OFF)，全部断电后再上电。

(4) 使用绝对式脉冲编码器时，当再次上电时，报警灯亮，显示"DS300 参考点返回请求"，下面的参数设定为 0 时，消除该报警：

参数	#7	#6	#5	#4	#3	#2	#1	#0
1815			APC					NE8

#5(APC)　0：使用增量式脉冲编码器；1：使用绝对式脉冲编码器。

在全部数据恢复后，再进行参考点的确定。然而，在改变上述设定后，CNC 电源需要断电后再上电。

(四) PMC 参数的输入

(1) 依次按下功能键 ⊡ 和软键 ▭▭，将会显示 PMC 输入/输出界面，如图 13-10 所示。

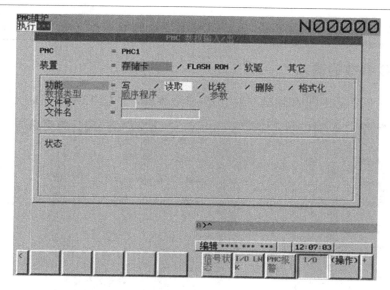

图 13-10　PMC 输入/输出界面

(2)　进行如下设定。

装置：存储卡；功能：读取。

(3)　把光标移动到"文件名"上。

(4)　按下软键 [操作][列表]，显示存储卡中的文件列表，如图 13-11 所示。

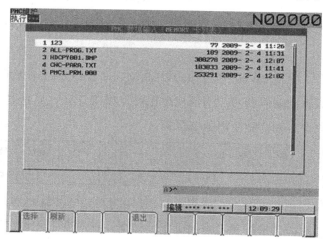

图 13-11　显示存储卡中的文件列表

(5)　把光标移动到要选择的文件上，按下软键 [选择]。

(6)　按下软键 [退出]，重新回到输入/输出界面。

(7)　按下软键 [执行]，输入 PMC 参数。

(8)　出现确认信息提示。内容确认后，按下软键 [执行]。

输入过程中，出现"正在读 PMC 参数"的确认提示。

(五) 螺距误差补偿量的输入

(1) 依次按下功能键 和软键 ，显示螺距误差补偿设定界面。

(2) 依次按下软键 、 、 ，输入螺距误差补偿量，如图 13-12 所示。

(3) 选择 MDI 方式。

(4) 设定界面的"写参数"为 0。

如报警灯点亮，从这之后的操作将无法完成。

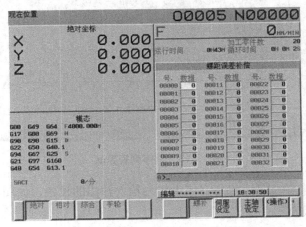

图 13-12　输入螺距误差补偿量界面

(六) 加工程序的输入

(1) 输入全部程序时，下面的参数需要进行修改。

设定和修改时，切换到 MDI 方式。

参数	#7	#6	#5	#4	#3	#2	#1	#0
3201		NPE						

#6(NPE)　　0：在输入程序段 M02、M30、M99 时，认为程序结束。

　　　　　　1：在输入%时，认为程序结束。

参数	#7	#6	#5	#4	#3	#2	#1	#0
3202				NE9				NE8

#4(NE9)　　0：可以编辑 9000 多号的程序。

　　　　　　1：不可以编辑 9000 多号的程序。

#0(NE8)　　0：可以编辑 8000 多号的程序。

　　　　　　1：不可以编辑 8000 多号的程序。

(2) 选择 EDIT 方式。

(3) 按下功能键□和软键□，出现程序列表界面，如图 13-13 所示。

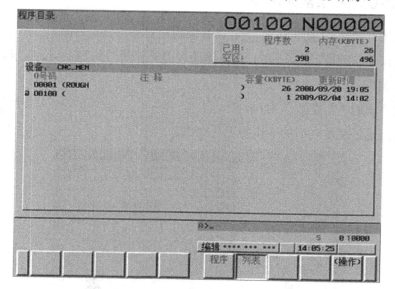

图 13-13　程序列表界面

(4) 按下软键□□□，设定存储卡作为输入输出的设备，如图 13-14 所示。

(5) 按软键□或□。

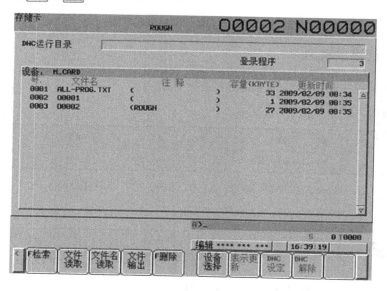

图 13-14　设定存储卡作为输入输出的设备

(6) 输入从存储卡中读取的文件名称或档号，按软键□。

(7) 输入读取文件对应的 CNC 程序号，按软键□。

(8) 按软键 ，读取程序，如图 13-15 所示。

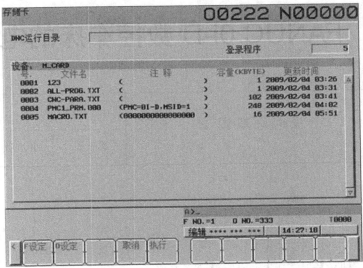

图 13-15　读取程序的界面

【项目训练】

1. 训练目的

(1) 熟练掌握用 CF 卡进行系统参数备份与恢复的方法。

(2) 熟练掌握加工程序、螺距误差补偿值、PMC 参数等的备份与恢复。

2. 训练项目

项目：螺距误差补偿值的输出。

(1) 确认输出设备已经准备好。

(2) 使系统处于编辑方式下。

(3) 按下功能键[SYSTEM]。

(4) 按下最右边的菜单扩展键，并按下软键[螺补]。

(5) 按下软键[操作]。

(6) 按下最右边的软键扩展键。按下[F 输出]，然后按下[执行]。

附录　FANUC 0i-D 数控车床的电路图

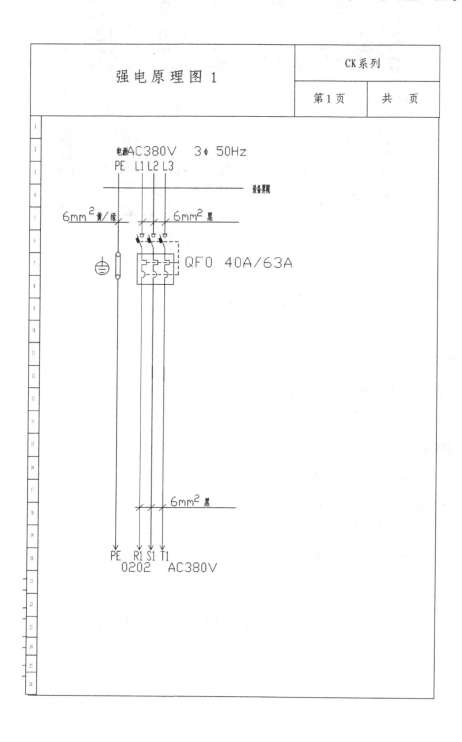

强电原理图 1	CK系列	
	第1页	共　页

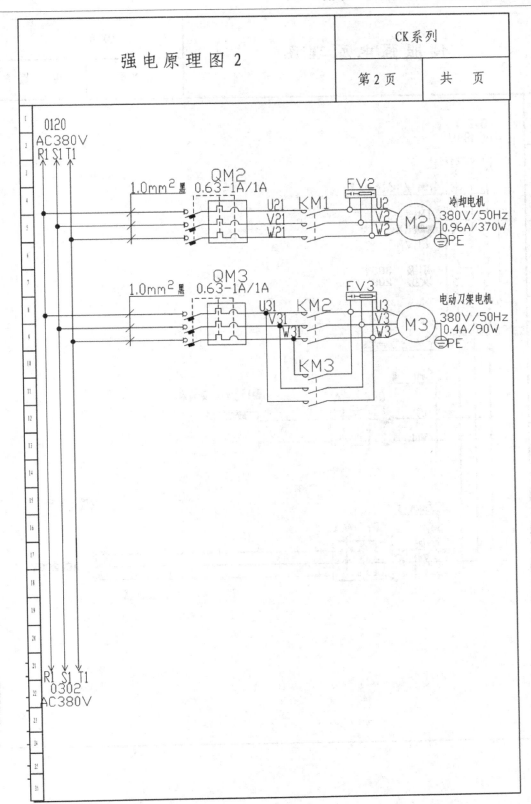

	CK系列	
强电原理图 2	第2页	共 页

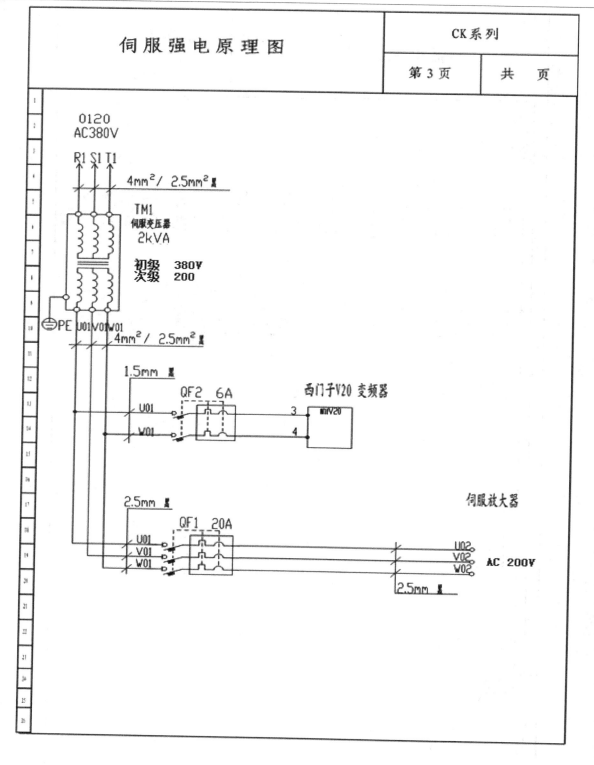

CK系列

伺服强电原理图

第3页　　共　　页

0120
AC380V

R1 S1 T1

4mm² / 2.5mm² Ⅱ

TM1
伺服变压器
2kVA

初级　380V
次级　200

PE U01 V01 W01

4mm² / 2.5mm² Ⅱ

1.5mm Ⅱ

QF2　6A

西门子V20 变频器

U01
W01

3
4

V20

伺服放大器

2.5mm Ⅱ

QF1　20A

U01
V01
W01

U02
V02
W02

AC 200V

2.5mm Ⅱ

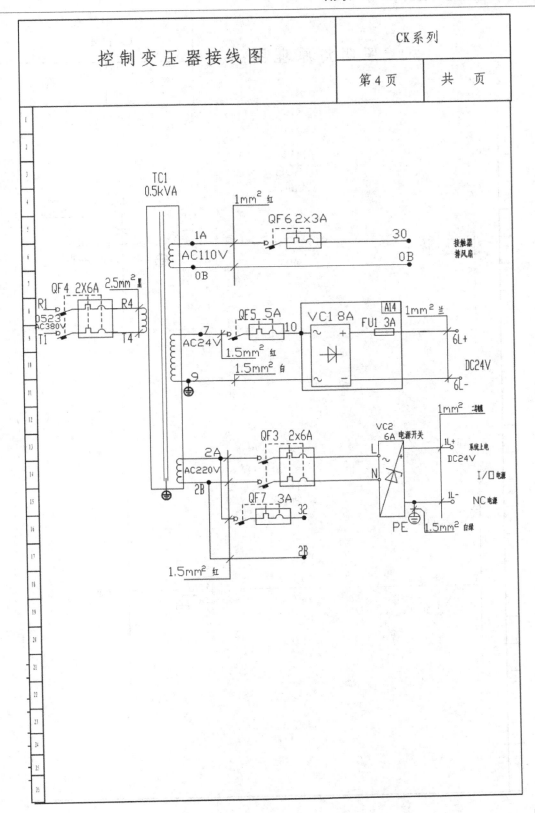

控制变压器接线图

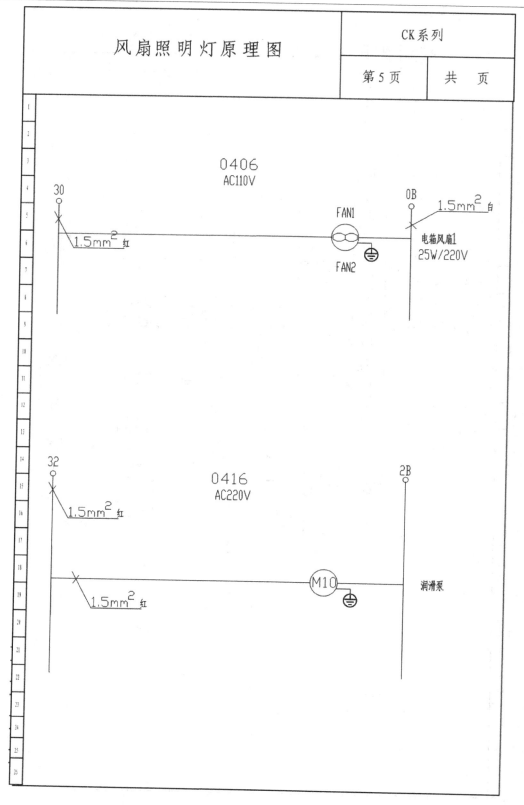

风扇照明灯原理图

CK系列

第5页　　共　页

0406
AC110V

30

1.5mm^2 红

FAN1

FAN2

0B

1.5mm^2 白

电箱风扇1
25W/220V

0416
AC220V

32

1.5mm^2 红

1.5mm^2 红

2B

M10

润滑泵

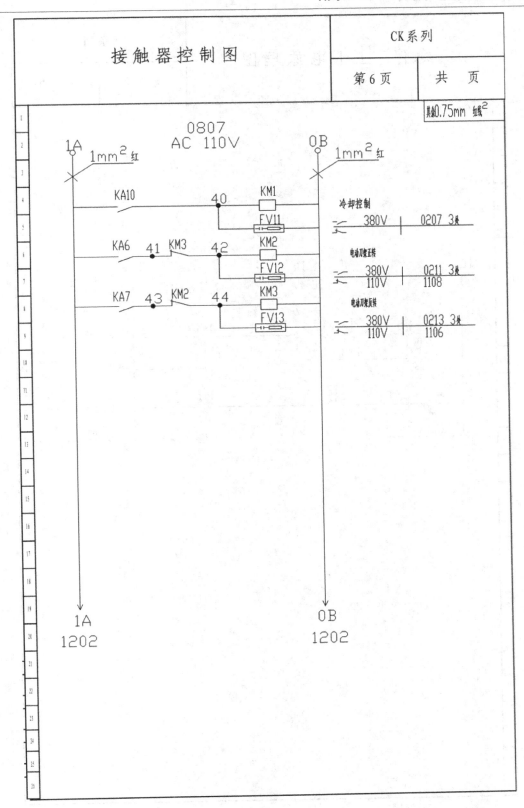

接 触 器 控 制 图	CK系列	
	第6页	共 页

其余0.75mm² 红线

0807
AC 110V

1A
1mm² 红

0B
1mm² 红

KA10   40   KM1   冷却控制
FV11   380V   0207 3黄

KA6   41   KM3   42   KM2   电动刀架正转
FV12   380V   0211 3黄
110V   1108

KA7   43   KM2   44   KM3   电动刀架反转
FV13   380V   0213 3黄
110V   1106

1A
1202

0B
1202

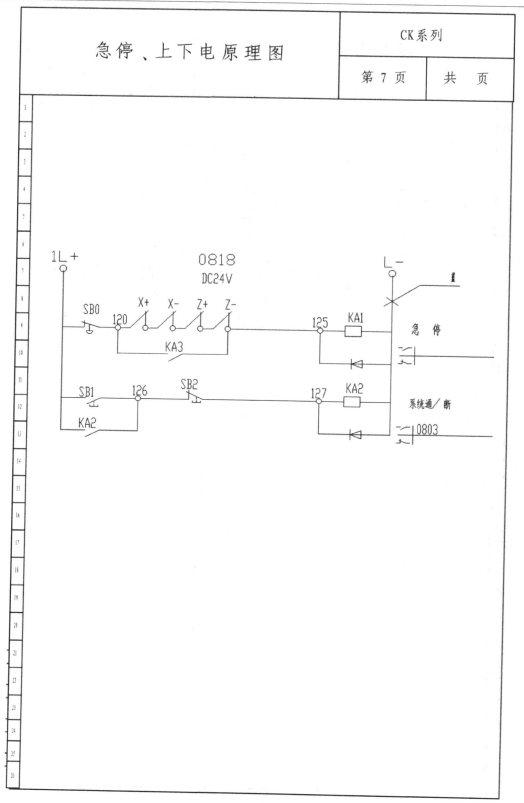

急停、上下电原理图

CK系列

第7页 | 共 页

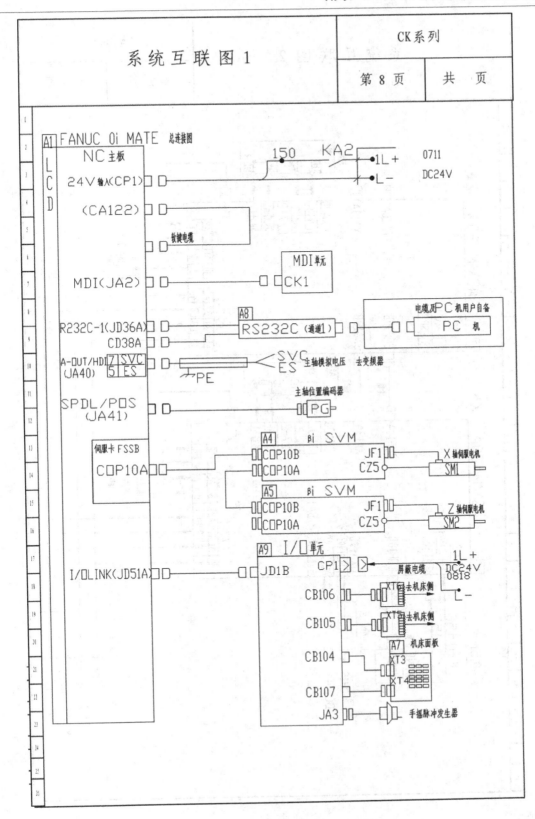

系统互联图1

CK系列

第 8 页　共　页

FANUC 0i MATE 总连接图

NC 主板

LCD

24V 输入(CP1)

150　KA2　1L+　0711
　　　　　　　L-　DC24V

(CA122)

软键电缆

MDI(JA2)

MDI 单元

CK1

R232C-1(JD36A)

CD38A

A8

RS232C (通道1)

电缆及PC机用户自备

PC 机

A-OUT/HDI
(JA40)　7 SVC
　　　　5 ES

SVC
ES　主轴模拟电压 去变频器

PE

SPDL/POS
(JA41)

主轴位置编码器

PG

伺服卡 FSSB

COP10A

A4　βi SVM

COP10B
COP10A

JF1
CZ5

X轴伺服电机

SM1

A5　βi SVM

COP10B
COP10A

JF1
CZ5

Z轴伺服电机

SM2

A9　I/O 单元

I/OLINK(JD51A)

JD1B

CP1

1L+
DC24V
0818

屏蔽电缆

L-

CB106

XT6 去机床侧

CB105

XT5 去机床侧

CB104

A7　机床面板

XT3

XT4

CB107

JA3

手摇脉冲发生器

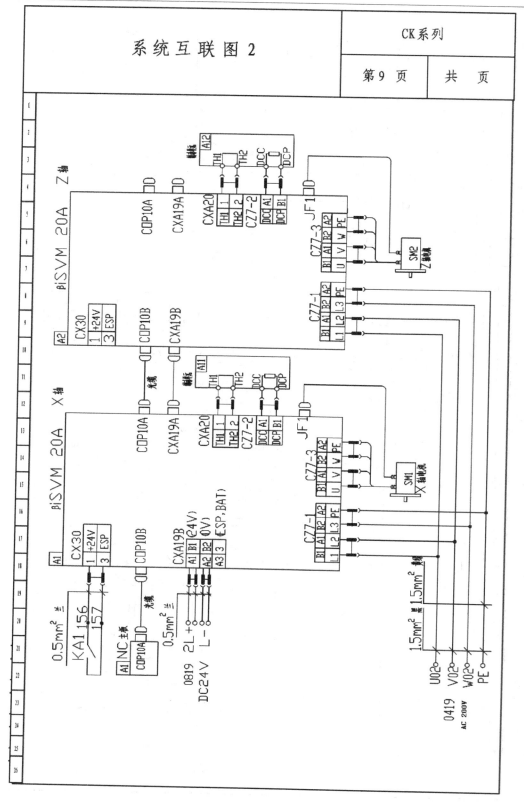

系统互联图2

CK系列

第9页　　共　页

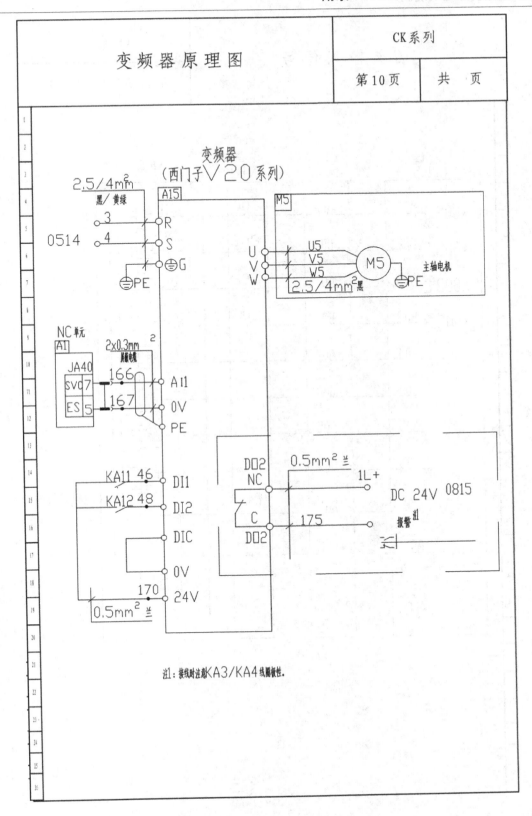

变频器原理图

CK系列

第10页 | 共 页

注1：接线时注意KA3/KA4线圈极性。

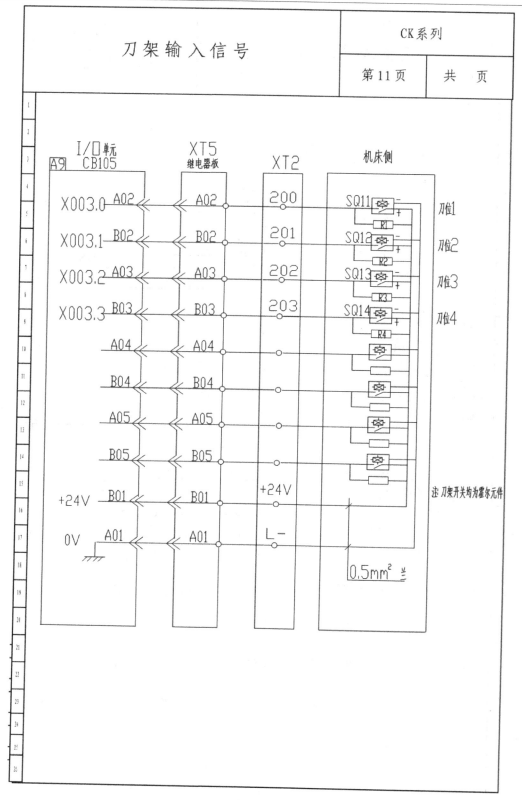

刀架输入信号

CK系列

第11页　　共　页

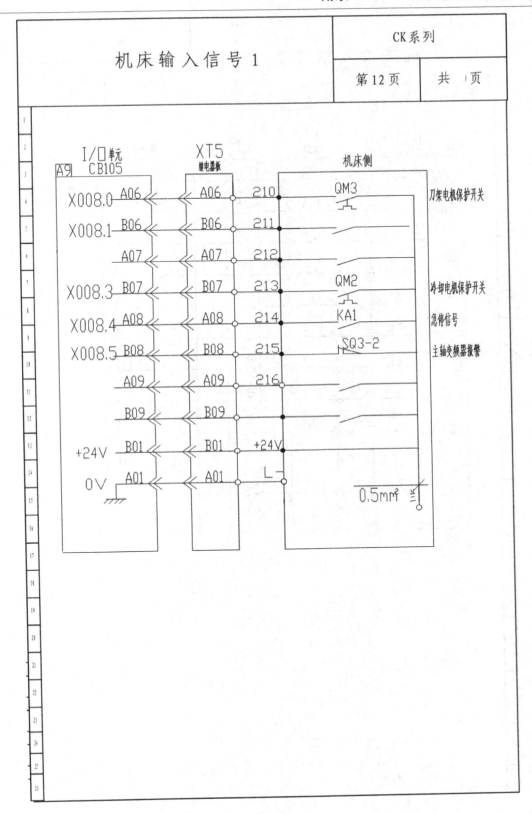

机床输入信号 1	CK系列	
	第12页	共　页

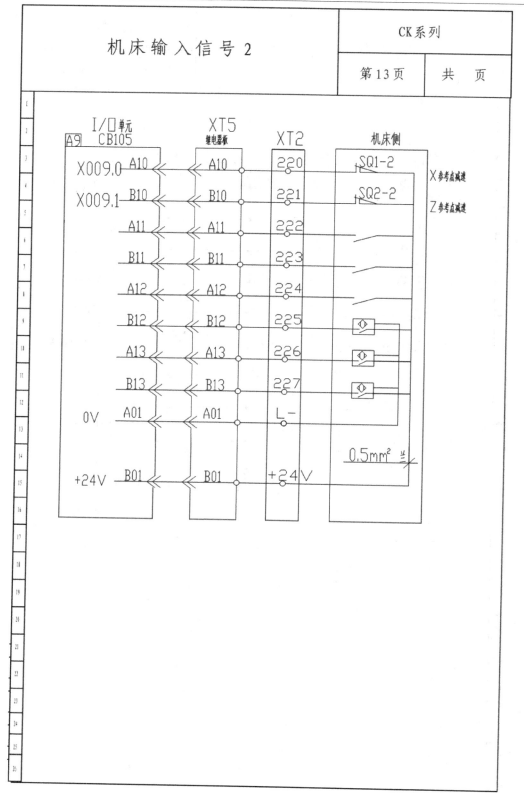

机床输入信号 2

CK系列

第13页　　共　页

| I/O单元 | XT5 | XT2 | 机床侧 |

A9　CB105　　　继电器板

X009.0　A10 ← A10　220　SQ1-2　X参考点减速

X009.1　B10 ← B10　221　SQ2-2　Z参考点减速

A11 ← A11　222

B11 ← B11　223

A12 ← A12　224

B12 ← B12　225

A13 ← A13　226

B13 ← B13　227

0V　A01 ← A01　L−

0.5mm²

+24V　B01 ← B01　+24V

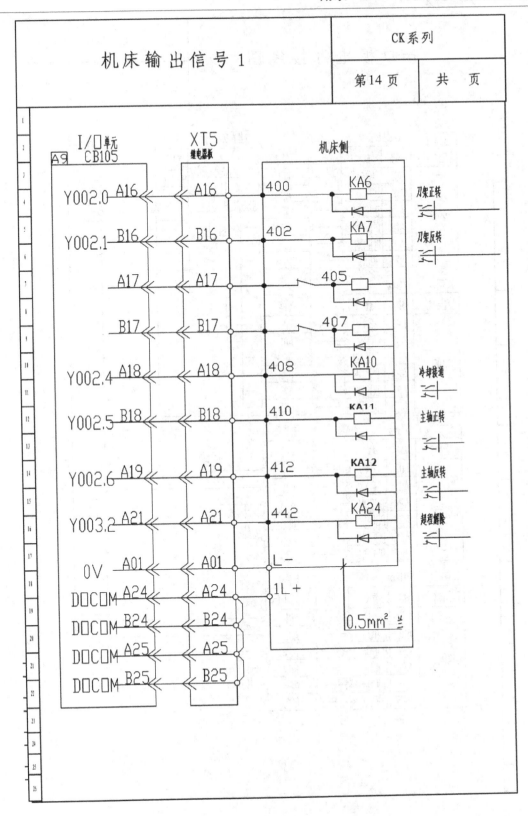

机床输出信号 1

CK系列

第14页　共　页

I/O 单元
A9 CB105

XT5
继电器板

机床侧

Y002.0	A16	A16	400	KA6	刀架正转
Y002.1	B16	B16	402	KA7	刀架反转
	A17	A17	405		
	B17	B17	407		
Y002.4	A18	A18	408	KA10	冷却接通
Y002.5	B18	B18	410	KA11	主轴正转
Y002.6	A19	A19	412	KA12	主轴反转
Y003.2	A21	A21	442	KA24	超程解除

0V A01 A01 L−

DOCOM A24 A24 1L+

DOCOM B24 B24

DOCOM A25 A25

DOCOM B25 B25

0.5mm²

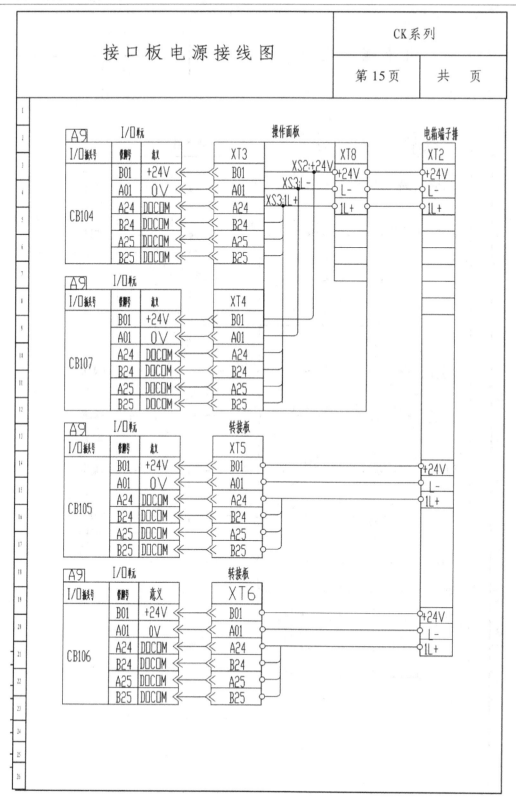

接口板电源接线图

CK系列

第15页　　共　页

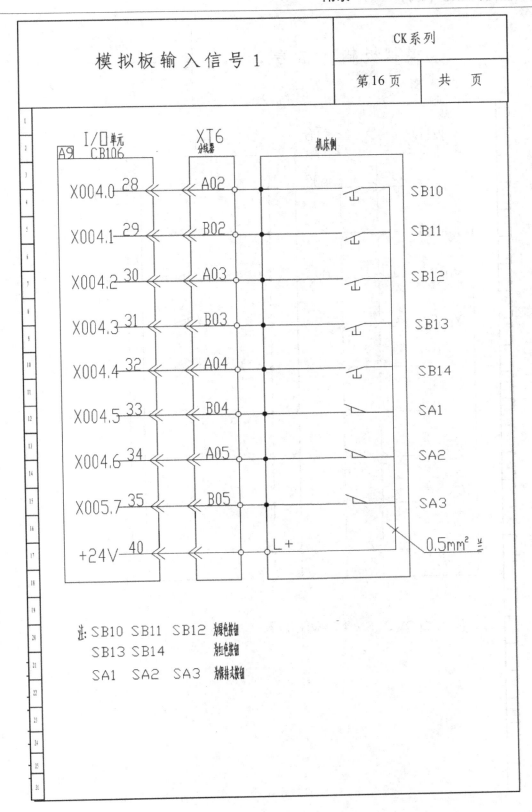

模拟板输入信号 1

CK系列

第16页　共　页

注: SB10 SB11 SB12 为绿色按钮
　　SB13 SB14 　　　 为红色按钮
　　SA1 SA2 SA3 为旋转式按钮

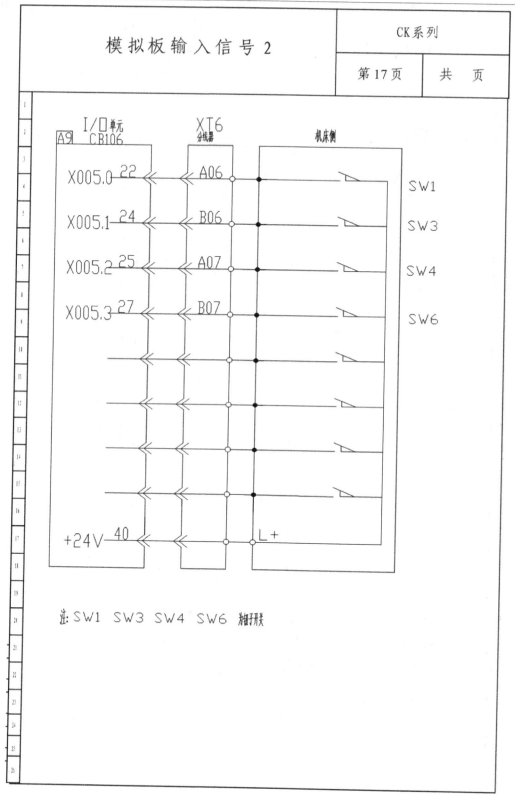

模拟板输入信号 2	CK系列	
	第 17 页	共 页

注：SW1 SW3 SW4 SW6 相开联

模拟板输入信号 3	CK 系列	
	第 18 页	共　页

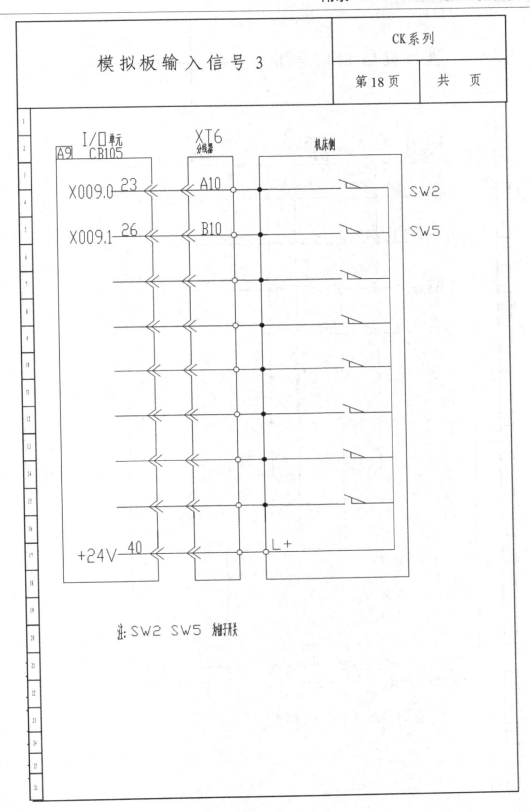

注: SW2 SW5 推开关

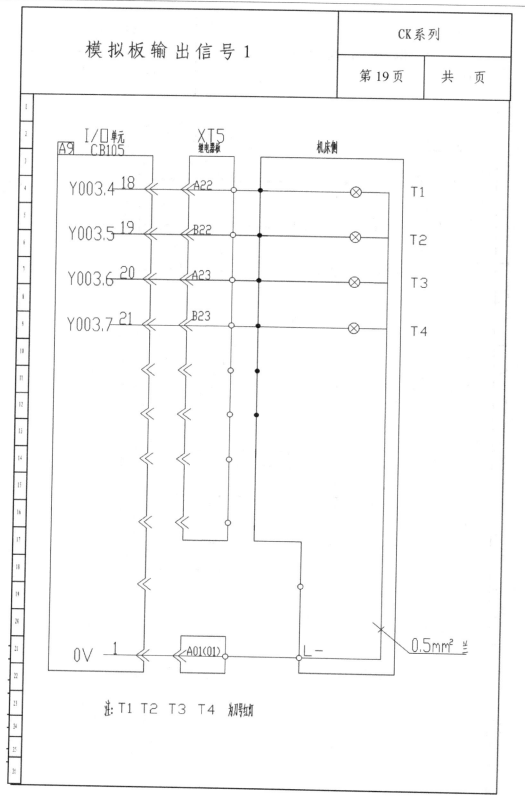

模拟板输出信号 1

CK系列

第 19 页　共　页

注：T1 T2 T3 T4 为刀号红灯

模拟板输出信号 2	CK系列	
	第20页	共 页

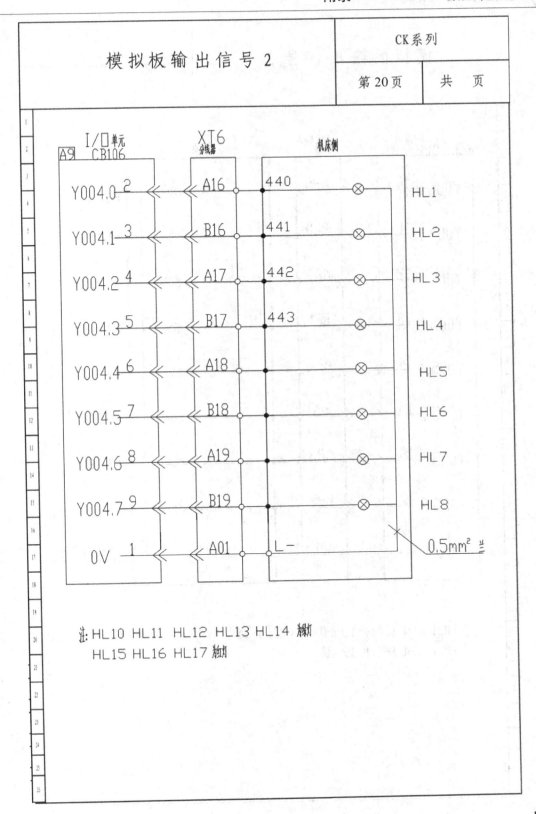

注: HL10 HL11 HL12 HL13 HL14 糊糊
HL15 HL16 HL17 糊糊

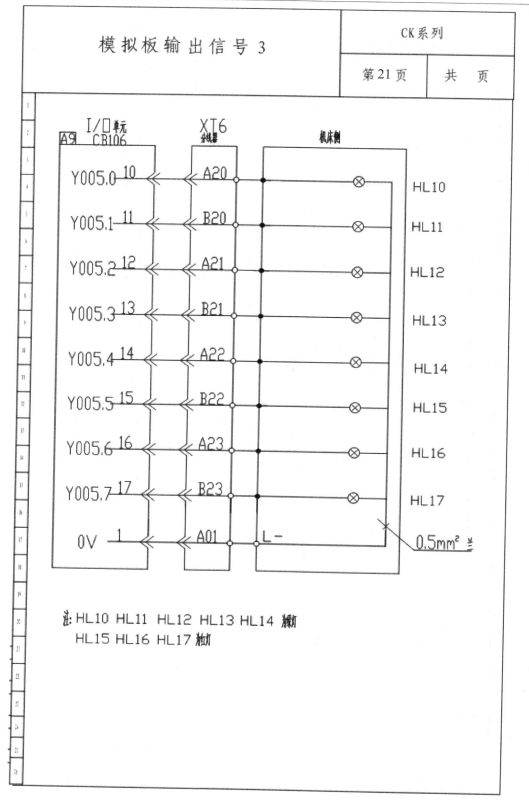

参 考 文 献

[1] 王晓. 数控机床电气控制[M]. 北京：机械工业出版社，2014.

[2] 李宏胜. 数控系统维护与维修[M]. 北京：高等教育出版社，2011.

[3] FANUC 0i-D 系统的连接与调试. 北京 FANUC 有限公司，2014.

[4] 宋丹. FANUC 数控系统实训[M]. 北京：中国电力出版社，2011.

[5] FANUC 0i-D 维修说明书. 北京 FANUC 有限公司，2014.

[6] 刘永久. 数控机床故障诊断与维修技术[M]. 北京：机械工业出版社，2006.

[7] 李善术. 数控机床及其应用[M]. 北京：机械工业出版社，2009.